JN194660

# 名水学ことはじめ

## 自然・人文科学の観点から

河野 忠 著

昭和堂

# はじめに

名水とは何だろうか。名水という言葉はいつ頃から使われ始めたのだろう。1985年当時の環境庁が日本名水百選を選定したことは記憶に新しい。環境省は2008年（平成20）6月、新たに「平成の名水百選」を選定し、合わせて二百選となる。

名水百選における「名水」とは、「保全状況が良好で地域住民等による保全活動がある」ことを基準として選ばれており、そのまま飲める美味しい水という意味ではない。名水百選選定後、日本各地で名水ブームが沸き起こり、土日ともなると水汲み客で賑っている光景を目にする機会が多くなった。地下水を研究する者にとって、井戸水や湧水に関心が高まることはとても喜ばしいことであるが、その一方で、名水本来の由来等にはあまり関心が高まっていない。そもそも名水という言葉は学術用語ではなく、先の環境庁の定義が一般化している。名水百選の中には用水路や湖沼も選ばれているが、個人的には名水とは地下水のことを指すべきと考えており、河川や湖沼等は、それぞれ名河川、名湖沼としたらいかがだろうか。

名水の定義は、「古来より地域住民に様々な形で利用され、保全状況が良好な湧水や井戸水等の地下水」とするべきではないかと私は考えている。そもそも名水が学術用語ではなく、科学的に扱うことについては反対が多い。しかし、学者が行う研究と一般社会との認識が乖離している現状の橋渡し的存在としては格好の対象であるし、最近の研究によって名水の自然科学的側面と人文科学的側面とは切っても切れない関係にあるものが少なくないことが分かってきた。

私はこれまで日本各地の井戸や湧水の自然科学的、地理学的研究に携わってきた。その中で弘法大師伝説の水「弘法水」に出会って以来、伝説伝承のある湧水、井戸水に関心を持ち、様々な視点から研究を行ってきた。大変興味深いことに、その水質を調べてみると、その水利用につながるような科学的根拠を見出される名水が少なくないことが判明した。例えば、後述する閼伽水（あかみず）の水質は腐りにくく、透明な状態を保てる水であることが分かっている。それ以来、本格的に伝説伝承のある名水を調べ始めたが、そこにはこれまで自然、人文研究者がそれぞれの立場で把握していた特徴が有機的に結びついていることが分かってきた。本書はその結果を踏まえ、あえて名水を学問としてとらえ、名水学という分野の確立を目指すための先駆けとして執筆した側面がある。また、できる限り日本全国の様々な名水を対象にするよう心掛けたが、時間と予算の関係で、主に関東、京都、四国、九州を対象として話を進めている。少々科学的な話を脱線するところもあるが、先走った研究にありがちな嚆矢の話として、お許し願えればと思う。

本書は、平成29年度「立正大学石橋湛山記念基金」より出版助成を受けたことを付記しておく。

名水学ことはじめ　目次

# 第1章
# 名水の定義とその歴史

風呂の井
源氏に追われた安徳天皇がこの水を沸かした風呂に入って疲れを癒したと伝えられる（福岡県北九州市門司区柳町）

写真１　清少納言が選んだ名水の１つと考えられる
桜井（京都府京都市左京区松ヶ崎）

## （1）はじめに

名水学、今回初めて世に出る言葉になるのかもしれない。もちろん学問体系の中にある言葉でもないし、そもそも「名水」という言葉が盛んに使われ始めたのが、1985年の当時の環境庁が策定した昭和の名水百選であろう。

ところで、名水はどのように呼ばれているのだろうか。名水はそれぞれ各地で様々な呼称があるのは当然のことであるが、一般的な湧水でさえ、各地で固有の名称が存在する。例えば、清水をとってみても、しみず、しょうず、すず、そうず等があるし、地方によっては湧水のことを、でみ、でみず、いで、しずこ、しっこ、しょうず、がま等と呼んでいる。井戸に至っては、い、いのこ、わく、かわ、いけ等と呼ばれている。

## （2）名水と名水百選の成立過程

1985年当時の環境庁は、昭和の名水百選を選定する際、その調査対象として、

①きれいな水で、古くから生活形態、水利用等において水質保全のための社会的配慮が払われているもの。

②湧水等で、ある程度の水量を有する良質なものであり、地方公共団体等においてその保全に力を入れているもの。

③いわゆる「名水」として故事来歴を有するもの。

④その他特に自然性が豊かであるが、希少性、特異性等を有

する等優良な水環境として後世に残したいもの。
とした。また、選定の判定基準として、

①水質・水量、周辺環境（景観）、親水性の観点から見て、保全状況が良好なこと。

②地域住民等による保全活動があること。

を必須条件とし、この他にも、規模、故事来歴、希少性・特異性・著名度等を勘案することとした。名水とは、昔から人々が生活をするために必要とした水資源であり、身近に存在した水であるという視点から、基本的には井戸水や湧水を対象にすべきであろうと私は考えている。名水百選の中には、河川や湖沼、用水路等も選ばれているが、個人的にはそれぞれ名河川、名湖沼、名用水として分類すべきものとしたい。

そもそも名水は自然科学的に定義できる言葉ではないが、地理学、考古学、民俗学、歴史学等では研究対象として定義されてもよいのではないだろうか。名水は、往古より人々から身近に利用された水資源で、祭祀や生活用水等に直接利用できる水であったと定義してはいかがだろうかと考えている。

本書で取り上げる「名水」という言葉は、いつ頃から登場した言葉なのであろうか。様々な文献を紐解いてみると、言葉そのものは江戸時代に散見できるようになるが、もっと遡ってみると、平安時代の女流作家、清少納言が書いた「枕草子」に辿り着く。清少納言は名水という言葉を使ったわけではないが、その第172段（能因本による）に「井はほりかねの井。走り井は逢坂なるがをかしき。山の井、さしも浅きためしになりはじめけむ。飛鳥井、「みもひも寒し」とほめたるこそをかしけれ。

玉の井。少将ノ井。桜井。后町の井。千女尺井」とあり、９つの名水を選んでいる。その場所を様々な資料から推定すると下記の通りになる。

①ほりかねの井（埼玉県狭山市堀兼）

②走り井（滋賀県大津市大谷町逢坂？）

③山の井（福島県郡山市）

④飛鳥井（奈良県高市郡明日香村）

⑤玉の井（京都府井出の玉川の堰）

⑥少将ノ井（京都府烏丸の東、大炊御門の南）

⑦桜井（京都府一条北、五辻の南．奈良の桜井か？）（写真１）

⑧后町の井（京都府常寧殿脇の井？）

⑨千女尺井（京都府東三条の「千貫の井」の誤写？）

これらの名水が現在の東北から関西までの範囲に及ぶのは、とても興味深いことである。平安時代と言えば、日本全国の街道はまだ整備されていなかった時代である。しかも女性の往来等自由にはできない時代であったことだろう。恐らく清少納言は、旅人や商人、派遣された役人等から話を聞き、想像を膨らませて、九名水を選んだのであろう。清少納言の判断基準は定かではないが、当時の名水とは、美味しい水、不思議な水、伝承・伝説のある水ではなかったか。

### （３）名水の成立

名水の成立はいつの時代に始まったのであろうか。本節では神代の時代まで遡って考えてみる。

### 1）神話に登場する名水

日本神話には玉ノ井という名水が登場する。鹿児島県指宿市には日本最古の井戸とされている玉ノ井の遺構が残されている（写真２）。現地の資料によると、「日本最古の井戸と伝えられ、開聞神社由緒記には、神代の頃はまだ天下の水は塩分を含んで真水がなかったので、天孫「ニニギノミコト」が忍岩の長井の水を玉盆に入れて日向に御降臨になり、その後、当地へ御巡狩のとき天照大神を開聞岳に祭り、持って来た水を玉の井に移し、御饌の水としたと言う。また、一説には、神代時代このあたりは竜宮界で、玉の井は竜宮城の門前の井戸で、竜神の娘「豊玉姫」が朝夕汲まれた井戸であるとも言う。豊玉姫は、この井戸端で彦火々出見尊（山幸彦）と出会い、後夫婦の契りを交わされ、婿入谷の奥の宮殿で新婚生活が始まったと言う。」と伝えている。

写真２　玉ノ井（鹿児島県指宿市開聞十町玉井）

### 2）『古事記』、『日本書紀』、『風土記』に登場する名水

日本で最古の文献は、当然ながら『古事記』、『日本書紀』を除いて他には存在しない。そこで記紀を紐解いてみると、御井と真名井という名水が散見できる。御井（写真３）とは天皇の産湯水のことであり、真名井とは高貴な水という意味らしい。

記紀そのものには、はっきりとした場所の特定ができる記述は少ないものの、どちらの水も日本全国に散見される。それをもって記紀に記述された名水というのは早計であるが、他に手立てがない以上、それを踏まえて記紀の名水と特定するのは大きな間違いではないだろう。

写真3　御井の清水（兵庫県淡路市小井）

記紀に登場する名水の問題がはっきりしたところで、場所が特定できる文献は何かと探してみると、記紀と時期を違わない720年頃に成立したとされる『風土記』がある。当時、風土記は日本各地のものが存在したが、現存するものは、『常陸国風土記』、『出雲国風土記』、『播磨国風土記』、『豊後国風土記』、『筑前国風土記』の5つだけである。逸失してしまった風土記の中には他の文献の中で、『～国風土記』によると、という書き方をされた逸文として残されているものが若干存在する。そこで、これらの風土記の中から名水に関する記述を徹底的に探し出して、その記述を辿って各地の名水を探してみると、意外にも多くの名水が現存していることが分かった。また、地域によって名水の選択基準が異なっていることも明らかとなった。

① 『常陸国風土記』

『常陸国風土記』に登場する主な名水は、「玉清井」（茨城県玉造町）、「泉が森」（茨城県日立市）、「椎井」（茨城県玉造町、写真4）、「曝井」（茨城県水戸市）、「玉乃井」（茨城県玉里村）であ

写真４　椎井（茨城県玉造町）

写真５　大井の池（島根県松江市）

る。これらの名水は日本武尊に関する伝説が多く、丘陵地の谷地部に存在する湧水がほとんどを占めた。湧水は現在でも農業用水として利用されており、湧出状況から当時のままの姿を残していると考えてよいだろう。

②　『出雲国風土記』

『出雲国風土記』に登場する主な名水は、「大井の池」（島根県松江市、写真５）、「目無水」（島根県松江市）、「御井神社の三井」（島根県斐川町）、「コノマタノカミの産湯水」（古事記）、「波入の湧泉」（島根県八束町大根島）、「須佐神社の塩井」（島根県佐田町）等であり、神話的要素が非常に強いものの、現在でも地域の有志の方々によって保全されているものが多い。

③　『播磨国風土記』

『播磨国風土記』に登場する名水は、「韓の清水」（兵庫県龍野市揖保町）、「針間の井」（兵庫県龍野市揖保町）、「清水」（兵庫県姫路市西今宿）、「駒手の井戸」（兵庫県神戸市西区玉津町）、「石井の井戸」（兵庫県加古川市、写真６）等がある。神戸を中心とした地域に存在していたため、確認が非常に難しく、私が唯一調査できた湧水も都市化による汚染が顕著で、名水として利用されることはなくなっていた。

④ 『豊後国風土記』

『豊後国風土記』に登場する名水は、「赤湯の泉」(大分県別府市鉄輪温泉、写真7)、「玖倍理湯の井」(大分県別府市)、「酒水」(大分県由布市挾間町)、「臭い水」(大分県竹田市久住町)等がある。土地柄か、ほとんどが温鉱泉であることが特徴となっている。

⑤ 『筑前国風土記』

『筑前国風土記』に登場する名水は、「武雄温泉」(佐賀県武雄市)、「雲仙温泉」(長崎県千々石町)、「応神天皇産湯の井戸」(福岡県宇美町、写真8)等である。『豊後国風土記』同様、温泉が多く記述されているが、仲哀天皇、応神天皇、神功皇后が活躍した土地でもあり、多くの伝説のある

写真6　石井の井戸(兵庫県加古川市)

写真7　赤湯の泉(大分県別府市鉄輪温泉血の池地獄)

写真8　応神天皇産湯の井戸(福岡県宇美町宇美八幡宮)

水が残され、現在でもその存在を確認できる。

### 3）万葉集に登場する名水

万葉集に登場する名水研究はこれからの課題であるが、ここでは2つ紹介したいと思う。万葉集（巻九、一七五七）に、「草枕　旅の憂いを　慰もる　こともありやと　筑波嶺に　登りて見れば　尾花散る　師付の田井に　雁がねも　寒く来鳴きぬ　新治の　鳥羽の淡海も　秋風に　白波立ちぬ　筑波嶺の　よけくを見れば　長き日に　思ひ積み来し　憂へはやみぬ。」とある。これは茨城県かすみがうら市の「師付の田井」（写真9、10）のことを詠んでいる。この湧水は周りを広大な水田に囲まれた真ん中にあり、自噴井となっている。このような水田の中にある小さな湧水が、奈良・平安時代に奈良、京都に何故知られていたのだろうか。師付の田井は鎌倉期の草庵集にも取り上げられていることから、かなり知られていたのであろう。商人や旅人がこの湧水に立ち寄り、その様子を都の文化

写真9　師付の田井（茨城県かすみがうら市）

写真10　師付の田井の湧出口　以前はパイプから自噴していたが、現在は覆いが設置されている

人に伝えたと考えられるが、当時の人々にとって、自噴する井戸が珍しかったのではないだろうか。

またこの師付の田井は別の章で述べる志築の四井の１つで、もう１ヶ所が民家にあることが確認されている。日本ではあまり用いられない四井の１つであることも、この師付の田井が特別な存在であったことを示唆していると考えられる。

写真11　曝井（茨城県水戸市）

もう１ヶ所、同じ茨城県水戸市にあるのが「曝井」（写真11）である。万葉集巻九に「三栗の那賀に向かへる曝井の絶えず通はむそこに妻もか」（高橋虫麻呂）とある。この湧水は夏に村の女たちが布を洗って曝していた湧水と伝えられている。都市化に伴い涸渇してしまったことから、現在は少し場所をずらして、石碑が建てられており、水も僅かながら湧出している。

## ４）伝説に登場する名水

### ①　神の水、真名井

大分県宇佐市安心院町（あじむまち）にある「水沼井」（写真12）は、神代の時代、天の真名井とされた名水である。真名井とは神が祭祀等に利用した湧水、井戸水のことで、記紀や風土記等に登場する。すなわち1300年以上前から存在していた名水中の名水といって過言ではない。古代人は現代人が失ってしまった水の味

写真12　水沼井（大分県宇佐市安心院町）

に対する敏感さを持ち合わせていたであろうから、現在のペットボトルに相当する美味しい水として利用され、真名井と名付けられたと考えている。

また真名井は、真奈井、真那井等と記述する場合もあるが、その違いは判然とせず、伝えられた地域の人々が同じ目的として、それぞれの字を当てたものであろう。

②　天皇、神に関係する名水

大分県には神武天皇、景行天皇由来の名水が多く、神代の伝説が伝えられているものもある。神武天皇由来の名水は、宇佐市北宇佐の「化粧井戸」、佐伯市大入島の「神の井」と米水津村小浦の「居立の井」がある。景行天皇由来の名水は湯布院町若杉にある若杉神社の「御手洗水」、別府市の「百日水」がある。神武・景行天皇は神代の存在で、その実在性を疑われている天皇である。しかし、大分県には天皇由来の名水が非常に多いことから、その実在を考える１つの証拠として利用できるのではないかと考えている。

また、現在は失われてしまったが、安心院町木裳（きのも）と宇佐市にある天の真名井以外にも、日出町（ひじまち）真那井にもあったと言う。真名井は、大分に限らず、日本各地に現存している。記紀や風土記にその記述が見られることから、古くからその存在が知られ、現存している貴重な名水である。水質汚染など全く考えられない時代から利用されていたことを鑑みると、非常に水質の良い水であったことが容易に推測できる。現在はそんな貴重な名水でさえ顧みられることがなくなっており、水質汚染が見られても現存しているのはまだ良い方で、宅地開発等で安易に潰してしまった真名井も少なくないであろう。環境問題が叫ばれている現在、私は生活用水に利用されてきた名水の保全が第一であるべきと考えているが、いかがであろうか。また、宇佐神宮境内には「御神井」と呼ばれる井戸があり、この水は万病に効能があると伝えられている。

## (4) 数字で見る名水学

### 1) 七五三の名水

1985年当時の環境庁が日本名水百選を選定して以来、日本では名水ブームが起こり、休日ともなると日本各地の名水ではポリタン族で賑わうようになった。この名水について学術的に取り上げようとする試みは、日本地下水学会による名水の水質分析を中心とした『名水を科学する』(1994) という書籍にまとめられている。筆者は様々な観点から名水を学術的に研究(河野、2006) してきたが、日本各地に存在する六角井戸の研究(河野、2011) を始めとして、数字から見た名水研究(河野、2002) を進める中で幾つかの知見を得た。

日本では、縁起の良い数字として七、五、三が知られ、幸福祈願の数字(飯島、1999) として広く用いられている。反対に死や苦しみに通じるとして、四と九は忌み嫌われる数字として

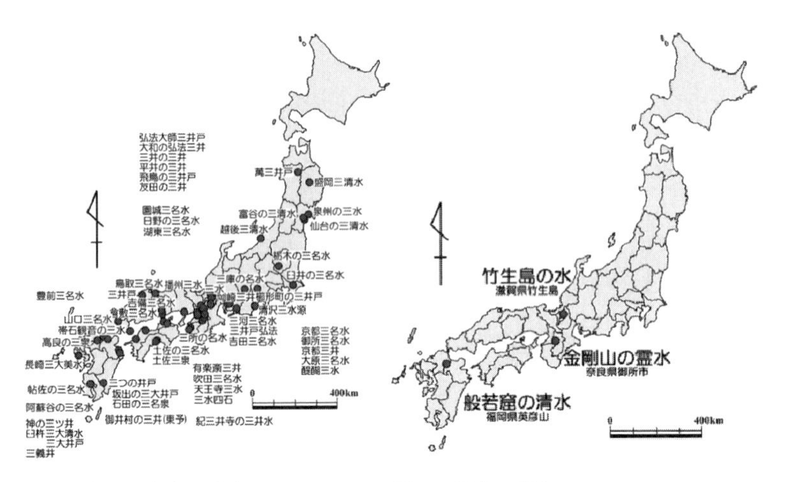


図1　主な三名水の分布　　　　図2　日本三霊水

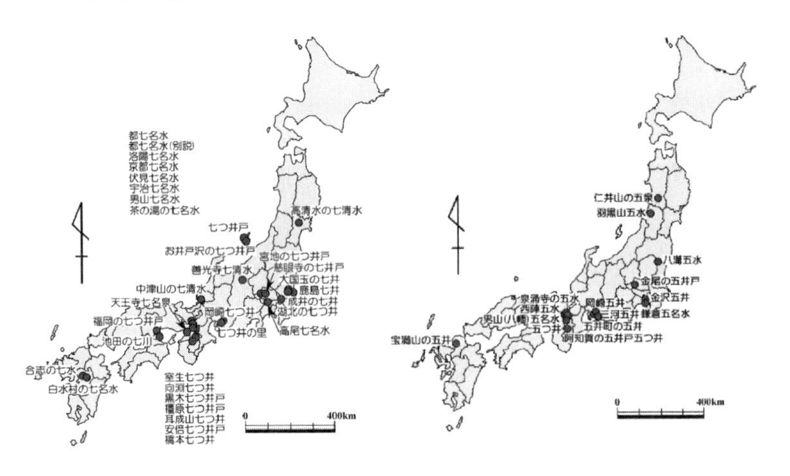


図3　主な七名水の分布　　　　図4　主な五名水の分布

知られている。名水を数字の観点から考えてみると、七不思議に登場する名水や、六角形を始めとした多角形の井戸等幾つかの対象を挙げることができるが、その最たるものは日本各地に見られる七名水（例：写真13)、五名水（例：写真14)、三名水

写真13　妙見七つ井戸の１つ五の井戸（埼玉県秩父市）

写真14　八溝五水の１つ金性水（茨城県大子町八溝山山頂）

写真15　日本三霊水の１つ竹生島の水（滋賀県長浜市）

写真16　日本三霊水の１つ般若窟の霊水（福岡県添田町）

表１　七五三名水

| 数字 | ヶ所 |
|---|---|
| 三名水 | 81 |
| 四名水 | 4 |
| 五名水 | 24 |
| 六名水 | 9 |
| 七名水 | 53 |
| 八名水 | 6 |
| その他 | 10 |

（例：写真15、16）であろう。そこで日本各地に伝えられているこれらの名水を七五三名水と呼ぶことにして、その分布や成立過程について考察する。

現在までに判明している七五三名水は、表１の通りで、三名水（図１、２）が81ヶ所で圧倒的に多く、次いで、七名水（図３）が53ヶ所、五名水（図４）が24ヶ所と続き、他の数字でまとめられた名水は、桁違いに少なくなる。七五三名水は、特定の地域内に存在する湧水・井戸をまとめて称する場合が多いが、日本全国に渡って〜名水と称するものは、三名水しか存在しない。これは日本全国に渡る名水の情報を得ることが難しく、三を超える数の名水を揃えるのが困難であることに由来すると考えられる。五名水の特徴は見られないが、七名水として選出された名水群は、茶の湯水として知られた存在が多い。例えば、能阿弥による茶の湯七名水、宇治七名水等が知られている。

七五三以外の数字にまつわる名水も幾つか存在する。縁起の悪い四のつく代表的な名水に明石四名水、志筑四井がある。同様に六名水が９ヶ所あるが、そのうち７ヶ所が茨城県にあることは面白い。その他の数としては八名水が６ヶ所、九名水が２ヶ所、十名水が３ヶ所、その他が５ヶ所存在している。

七五三名水の成立の背景として、鈴木（2012）は地域の誇りとして後世に伝えたかったのではないか、と述べ、京都に伝わる七五三名水を20ヶ所特定している。七五三名水の成立過程は名水の成立がいつ頃かという問題に遡らなければならない。そこで、古事記、日本書紀、風土記を紐解くと、天の真名井や天皇の産湯水と伝えられる御井の記述があることから、これらが日本最初の名水と考えて良いであろう。つまり八世紀には既に名水が存在していたのである。その後、仏教の伝来とともに仏閣等に閼伽井（仏様への御供水）が掘られ、行基水や弘法水等の名僧にまつわる水へと広がっていく。

前述したように、七五三名水のように、まとまった名水群を挙げた最初の記述は、恐らく「枕草子」であろう。清少納言は九の意味を考慮することなく、熟々と美味しい水を書き留めていったものと想像する。枕草子以降、特に江戸時代には、「都名所図会」をきっかけに多くの「～名所図会」が刊行され、その中に記述された七五三名水が各地に定着していったものと考えられる。

写真17　日本三霊泉の１つ忍潮井（茨城県神栖市息栖神社）　手前が男瓶、大鳥居の奥が女瓶

日本三霊泉の１つ茨城県神栖市息栖神社にある「忍潮井」（写真17）は、現在でも利根川のほとりに現存する。大きな鳥居の両脇に小さな鳥居が立てられていて、湧水が存在している。それぞれ男瓶、女瓶と呼ばれている。案内によると、

「この井戸は、汽水の中に湧き出す非常に珍しいもので、「忍潮井（忍塩井）＝おしおい」と呼ばれ、伊勢の明星井、伏見の直井とともに日本三霊水に数えられています。左右の泉は、それぞれに女瓶、男瓶と呼ばれる瓶が据えられていて、その中から湧き出しています。男瓶は銚子の形をしていて、女瓶は土器の形をしています。その瓶は、水の澄んだ日にしか姿を現さず、その姿が見られると幸運が舞い込んでくると言われています。」とある。

水文学的には、ヘルツベルクレンズ（淡水レンズ）として説明できるものであろうが、海水が侵入する利根川河口域で真水が湧出する不思議さから、地域の人々が神域として崇めたのであろう。

## 2）茨城県に偏在する六名水

不思議なことに、六名水が茨城県に７ヶ所も集中していることは非常に興味深い。日本における六は神聖な数字、あるいは地獄に通じる数字として、四、九に次いであまり使われることのない数字となっている。六名水は、大阪・愛知にも１ヶ所ず

写真18　府中六井の１つ小目井（茨城県石岡市）

写真19　玉里六井の１つ涌井（茨城県小美玉市）

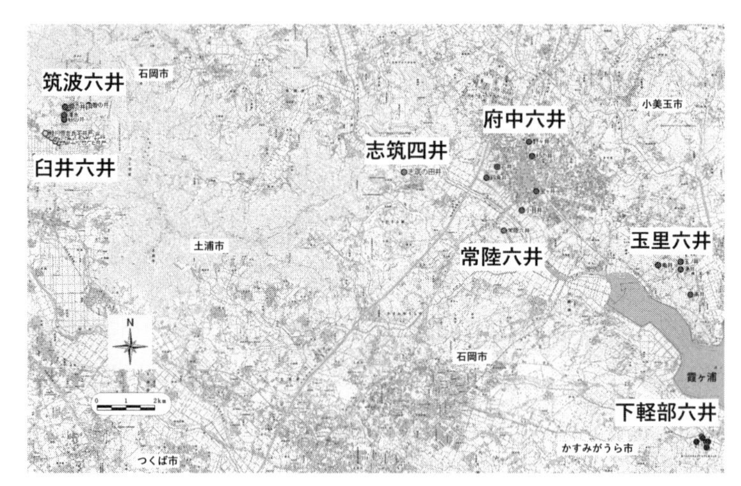


図５　茨城県の六名水分布図　羽鳥六井はこの地図の北西少し離れた地域にある

つ存在するが、茨城県に特化している理由について、地理学的、民俗学的な観点から考えてみたい（河野・玉井、2010）。

写真18と19にその一例を示す。

茨城県の六名水は、筑波山から石岡、霞ヶ浦にかけて帯状に分布しており、しかも次の組み合わせで川を挟んで一対となって存在していることが特徴である（図５）。

筑波六井―臼井六井（筑波山の中腹と山麓）

府中六井―常陸六井（石岡市とかすみがうら市）

玉里六井―下軽部六井（霞ヶ浦の対岸となる玉里と下軽部）

羽鳥六井のみ、独立して存在するが、対となっている理由は、偏った見方であるものの、恐らく対岸の集落に六名水が存在するのに対して村人がこちらにもあることを知らしめたかったのではないか、と思われる。また、面白いことに、日本にたった４ヶ所しかない四名水の１つ志筑四井がその中間地点に存在している。

何故、茨城県に六名水が集中しているのだろう。六のつく言葉には、六根清浄、六観音、六道、六曜、六国、蔵六、宿六、六波羅蜜、六文餞、六条河原、六波羅探題等がある。六根清浄は仏教用語であるが、登山の際の安全祈願という意味のある言葉であることから、筑波六井と臼井六井の六はこれを意味していると考えられる。また、臼井六井はある一族の所有する井戸群であり、その証として名付けた可能性も高い。茨城県に特化していることを考慮すると、茨城で活躍した平将門と六との関係も無視できない。平将門の子孫、平清盛は六にこだわりを持っていたことで有名である。清盛は京の六条に在住し、六道にちなむ六体の地蔵菩薩の設定（後に六地蔵巡りへと発展）、六波羅第の地に六道珍皇寺を建立、六波羅探題、六条河原での残酷な処刑等を挙げることができる。清盛と直接関係はないものの、京都の刑務所は最近まで星形六角形であり、京都市の市章は星形六角形となっている。

次に、自然界に存在する六角形を考えてみると、雪の結晶（六花・六出花）、亀の甲羅（亀は酒と水の神様であり、お酒の神様京都の松尾神社には、酒造に関係する湧水が存在）、ミツバチの巣、昆虫の複眼、構造土・柱状節理等がある。これまでに自然の造形としての六と六名水との関係は見出していないが、六角井戸にはそれを根拠とするものがある（河野、2011）。

六名水の水文科学的特徴を見てみると、六井のうち、筑波六井が山腹の谷頭湧水で、臼井六井が山麓の湧水である以外は、ほとんどが丘陵地の谷頭湧水となっている。水質は、宅地開発等による環境改変が大きく、それぞれの六井で異なるものの、同一地域では、ほぼ同質の傾向を示した。酒造に関する伝承を有する府中六井は、酒造に適した水質を持っている可能性があり、眼病に関する伝説もあるので、その水質との関係も考慮されよう。

筑波六井の六根清浄や酒造りの神様である亀の甲羅の六角形、眼病等の意味があるとすれば、それぞれの六井が成立した理由としては理解できる。しかし、仮にこれらが六名水の意味であっても、茨城県に集中、特化して存在する理由とはなりえない。そこで、茨城県の歴史の中に六井を示唆する要因を探ってみた。現在、考え得る六井の存在理由としては、大化の改新の際、茨城県（当時の常陸の国）では、高、久自、仲、新治、筑波、茨城の六国が統合され、石岡（府中六井と常陸六井がある）に国府を置いた、という史実が有力である。この六国が茨城県の基礎となったことから、茨城県民の六に対する抵抗がなかったのではないだろうか。また、府中六井は、他の六名水と比較して、個々に伝承が残されていることもその証拠と言えるだろう。

数字で名水を考えてみると、他にも七不思議に登場する水や、六角井戸や五角・三角井戸、十二支の名前のついた水等、水文化的には非常に興味深い存在が目白押しである。今後、どのような歴史的成立過程を経てこれらの数字にまつわる名水が形成されたのか、様々な分野で検討されることを期待したい。

### 参考文献

飯島吉晴編（1999）:『幸福祈願』，ちくま新書，218p.
河野　忠（2002）：七五三の名水とその成立過程．地域研究，Vol.43，No. 1，p.46.
河野　忠（2006）：伝説伝承のある湧水と水文化．生活と環境，Vol.51，No. 4，50–55.
河野　忠（2011）：六角井戸にみる地下水利用．高村弘毅編著『地下水と水循環の科学』所収，古今書院，143-160.
鈴木康久（2012）：京都の社会形成に果たす水の文化的特性．愛媛大学学位請求論文，93p.
玉井あゆみ（2011）：茨城県に特化して存在する六名水の存在意義と水文科学的特徴．平成22年度立正大学地球環境科学部卒業論文，37p.
日本地下水学会編（1994）：『名水を科学する』技報堂出版，299p.

# 第2章
# 人物由来の名水

御井戸庵の井戸
佐渡に配流された日蓮が雨露をしのいだ庵の井戸（新潟県佐渡市中興）

図1　弘法水の分布

## （1）はじめに

本章では、名水に多く登場する歴史上の人物に由来する伝説の水を紹介する。様々な伝説資料等から、人物毎にその数を調べてみると、圧倒的な数を誇るのが弘法大師伝説の水「弘法水」である。２番目に多いのが安倍晴明（陰陽師）にまつわる水で約70ヶ所、以下日蓮にまつわる水が約40ヶ所、蓮如にまつわる水が10ヶ所等、歴史上の有名な人物が上位を占める。また、弘法水が日本全国で見られるのに対して、他の伝説にまつわる水は、その人物の活躍した狭い地域内でしか存在しない。比較的広範囲で見られる豊臣秀吉の「太閤水」でさえ、京都から九州北部に見られるだけである（河野、2003）。弘法水を始め、伝説の水は、その登場人物と深く関わって、その用途や水質等に特徴があることが明らかとなってきた。中でも弘法水は日本を代表する伝説の水であり、一方で非常に特殊な存在でもあるとも言えよう。

## （2）弘法大師にまつわる名水「弘法水」

日本中にある数々の伝説の水の中で人物にまつわる名水は数え切れないほどあるが、様々な資料からその数を数えてみると圧倒的に弘法大師が多い。弘法大師約1,500ヶ所に対して、第２位は安倍晴明の約70ヶ所である。何故弘法大師だけがこのように異常に多いのであろうか。弘法水には自然科学的に根拠を見出すことができ、それを後世の高野聖らが弘法大師の霊力の現れといって、広めた可能性がある（河野、2002）。その真偽は別として、弘法大師伝説の水が日本全国に存在する事実は地理学的、民俗学的に非常に興味深いことである。また、安倍晴明にしても、陰陽師という職業の人物であることから、結局不思議な、あるいは霊力を持つと言われた人物らの伝説が選択的に残っていったのであろう。

時代的に見ると、伝説の水に登場する人物は平安時代が最も多く、鎌倉時代になると激減し、江戸時代の人物には史実に現れる名水が若干存在するものの、ほとんど伝説は見られなくなる。

### 1）弘法水の分布と湧出量

弘法水は北海道と沖縄を除く日本全国に分布するが、水の豊富な日本海側と東海地方に少ない（図１）。県別に見ると奈良、和歌山、群馬、香川、石川、長野に多く、弘法大師ゆかりの地や伝説、民話の残る地域と言える。大分県にも、山間や、沿岸部に20ヶ所以上存在している（表１）。

弘法水の分布は水不足の地域に多い溜池の分布ともよく一致し、伝説の意味するところをよく表している。また、弘法水は平野にほとんど見られず、丘陵地や山中の谷頭、地形の変換点、山頂等に多く分布している。

弘法水の湧出量は、ほとんどが１ℓ／秒以下であり、その半分以上は0.1ℓ／秒のごく小さな湧水であることが分かっている。これら小規模の湧水が1200年前から湧出しているとは考え

表1　各都道府県の弘法水伝説数

| 都道府県 | 数 | 都道府県 | 数 | 都道府県 | 数 | 都道府県 | 数 |
|---|---|---|---|---|---|---|---|
| 北海道 | 0 | 東京都 | 17 | 滋賀県 | 36 | 香川県 | 66 |
| 青森県 | 5 | 神奈川県 | 25 | 京都府 | 40 | 愛媛県 | 32 |
| 岩手県 | 27 | 新潟県 | 42 | 大阪府 | 37 | 高知県 | 30 |
| 宮城県 | 19 | 富山県 | 27 | 兵庫県 | 27 | 福岡県 | 6 |
| 秋田県 | 7 | 石川県 | 56 | 奈良県 | 142 | 佐賀県 | 5 |
| 山形県 | 58 | 福井県 | 23 | 和歌山県 | 140 | 長崎県 | 9 |
| 福島県 | 41 | 山梨県 | 19 | 鳥取県 | 3 | 熊本県 | 18 |
| 茨城県 | 32 | 長野県 | 53 | 島根県 | 8 | 大分県 | 20 |
| 栃木県 | 29 | 岐阜県 | 8 | 岡山県 | 34 | 宮崎県 | 2 |
| 群馬県 | 101 | 静岡県 | 19 | 広島県 | 35 | 鹿児島県 | 14 |
| 埼玉県 | 21 | 愛知県 | 34 | 山口県 | 9 | 沖縄県 | 0 |
| 千葉県 | 24 | 三重県 | 35 | 徳島県 | 43 | | |
| | | | | | | 合計 | 1478 |

2016年11月30日現在

難いことで、非常に興味ある湧水と言える。なお数ヶ所の弘法水では、潮汐に応じて湧出量や井戸の水位が変化する不思議な現象が見られる。

## 2）弘法水の効能と水質異常

弘法水には、異常な水質（例えば、塩水井戸（写真1）、白濁した水等）を示すものが知られているが、特に病気に効能の伝えられる水は、かなり特徴的な水質を示す。例えば皮膚病や胃腸病に効く弘法水は、硫酸イオンや硝酸イオン濃度が高く、眼病に効く水は、硝酸や塩化物イオン濃度が高く、pH が低い、等の特徴がある。閼伽水（神仏に供える水）も硫酸イオン濃度が高く、腐りにくい水であろうと考えることができる。聞き取りによると、万病や眼病に効く弘法水には、ゲルマニウムやホウ

写真１　弘法の塩水井戸（千葉県館山市）海水の２倍以上の塩分濃度があり、以前は皮膚病に効能のある沸かし湯として利用していた

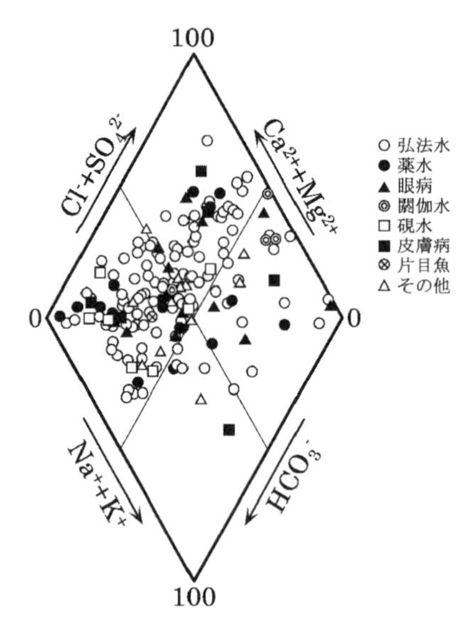


図２　弘法水のキーダイアグラム

酸が溶けているらしい。弘法水の効能、利用法には、イボ・火傷・不老長寿・安産・書道（硯水）・茶の湯等も知られ、やはり水質の異常な水が散見できる（図２）。

### ３）伝説の水と弘法水の用途

弘法水は湧出地点の特徴と湧出量が少ないことから、その用途は非常時の緊急用水源として利用される場合が圧倒的に多い。それ以外にも独特な水質とプラシーボ効果から、病気に効く薬水・霊水として利用されたり、空海が書道の三筆（空海・橘逸勢・嵯峨天皇）であることから、字がうまくなると言われる硯水として利用されたりする例が存在する（表２）。弘法水は霊的な水という傾向が見られるが、他の伝説の水は、仕込み水等の実用的な水として利用されることが多い。

## 4）弘法水とはいかなる水なのだろうか

表2　弘法水の様々な伝説と用途

| 用途 | 数 | 用途 | 数 |
|---|---|---|---|
| 万病 | 77 | 酒造 | 4 |
| 眼病 | 38 | 味噌・醤油 | 2 |
| 胃腸病 | 6 | 茶の湯 | 12 |
| 皮膚病 | 15 | 末期の水 | 3 |
| 疣とり | 16 | 書道 | 31 |
| 火傷・切傷 | 3 | 養殖・栽培 | 0 |
| 歯痛 | 0 | 片目魚 | 3 |
| 神経痛 | 7 | 子は清水 | 8 |
| 安産 | 21 | 金水・銀水 | 5 |
| 智恵の水 | 1 | 温泉 | 53 |
| 長寿 | 15 | 塩水 | 20 |
| 害虫駆除 | 3 | 閼伽水 | 28 |
| 若水・祭礼 | 5 | 真名井 | 0 |
| 雨乞い | 9 | 涸渇伝説 | 211 |
| 化粧水 | 0 | 悪水伝説 | 44 |
| 紙漉き | 1 | その他 | 33 |

※複数の用途がある場合も含む。

弘法水は大師自身が掘り当てたと考えるよりは、水量は僅かながらも水の乏しい地域に数百年も湧出し続け、淘汰された湧水・井戸水と考えるべきである。一方、無数の湧水、地下水の中で特殊な水質を持ち合わせ、疾病や健康増進、その他の水として利用できたものは、当時の衛生状態や医療技術レベルから薬水・霊水として用いられるようになり、それが大師の水神信仰とすり合わされながら、弘法水が成立したのだろう。したがって弘法水の本質とは鉱泉・温泉であると考えるのが妥当ではなかろうか。

弘法水を始めとした伝説の水は、その登場人物と深く関わって、その用途や水質等に特徴の見られることが分かってきた。中でも弘法水は日本を代表する伝説の水であり、一方で非常に特殊な存在でもあるとも言えよう。

## （3） 日蓮水の分布と用途の特徴

### 1）はじめに

立正大学の開祖である日蓮（1222-1282）は、日本各地に伝承伝説を残しているが、その多くは活躍した場である鎌倉と出生地の千葉、配留された佐渡島にかけて散在している。その中に、日蓮の様々な逸話に由来する日蓮水と呼ばれる湧水があり、中でも鎌倉にある日蓮乞水（こいみず）は有名である。筆者はこれまでに弘法大師に由来する「弘法水」の分布や水質について研究してきたが、日蓮水の分布と用途は弘法水と異なることが予想される。

### 2）日蓮水の分布と用途

様々な資料から日蓮水の情報を収集し、現地調査にて用途等を確認した（図3、表3）。その結果、日蓮の弟子にまつわる井戸・湧水を含めて47ヶ所の日蓮水を見出し、44ヶ所の現地調査を行った。そのうち、福井県の日蓮上人の清水のみ、水の存在を確認できなかった。その情報は、『福井の伝説』のみに見られるので、北陸に多い蓮如水の誤記の可能性が高い。

日蓮水の分布は活動地との関係が深く、

①誕生および法難から逃れた千葉県

②鎌倉周辺

③修業時代の京都周辺

④流刑地佐渡とその経由地

⑤晩年を過ごした身延山と江戸

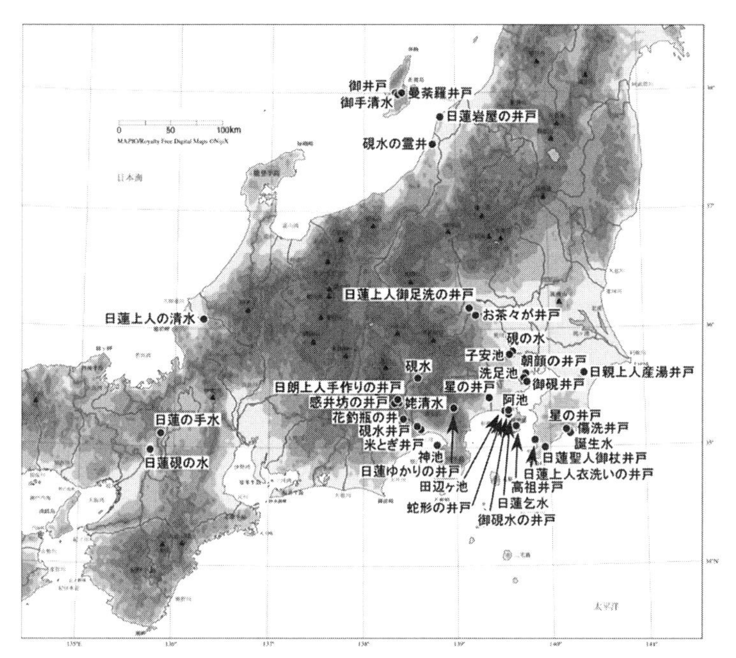


図３　日蓮水の分布

の５地域に分類できる。47ヶ所の日蓮水のうち10ヶ所が硯水と言われており、薬水や命の水が多い弘法水に対して、特徴的な利用法を示している。

### ３）日蓮水とは

日蓮は鎌倉時代の人物としては比較的よく行動が把握されている人物である。それは様々な事件に巻き込まれたことが大きな理由であるが、その先々で後世に残る書物をしたためており、そこで利用された井戸や湧水がほぼそのままの形で残っている、非常にまれな人物であるとも言える。日蓮水は産湯に始まり、

表3　日蓮水一覧

| No 地点名 | 所在地 | 用途 | 人物 |
|---|---|---|---|
| 1 常陸の湯 | 茨城県水戸市上中妻　妙徳寺奥の院 | 傷 | 日蓮 |
| 2 硯石 | 群馬県勢多郡北橘村赤城山 | 硯水 | 親鸞、日蓮 |
| 3 子安の池 | 埼玉県和光市下新倉4-13-60　妙典寺 | 安産 | 日蓮 |
| 4 日蓮上人御足洗の井戸 | 埼玉県本庄市児玉町児玉　玉蓮寺 | 洗足 | 日蓮 |
| 5 お茶々ヶ井戸 | 埼玉県深谷市小前田 | 飲用 | 日蓮 |
| 6 硯の水 | 埼玉県戸田市新曽2438　妙顕寺近く | 硯水 | 日蓮 |
| 7 日蓮誕生水 | 千葉県安房郡天津小湊町誕生寺 | 産湯 | 日蓮 |
| 8 傷洗井戸 | 千葉県鴨川市内浦3049　岩高山日蓮寺 | 切傷 | 日蓮 |
| 9 日蓮上人御疵洗之井戸 | 千葉県鴨川市花房1236　蓮華寺前の田 | 切傷 | 日蓮 |
| 10日蓮上人衣洗い井戸 | 千葉県南房総市富浦町南無谷字故郷池 | 衣洗 | 日蓮 |
| 11日蓮聖人御杖井戸 | 千葉県南房総市加茂2124　日運寺 | 飲用 | 日蓮 |
| 12星の井戸 | 千葉県鴨川市清澄322-1　清澄寺 | | 日蓮？ |
| 13日朗聖人誕生水 | 千葉県匝瑳市野手1614-2　朗生寺 | 産湯 | 日朗 |
| 14日像産湯の井戸 | 千葉県松戸市平賀63　本土寺 | 産湯 | 日像 |
| 15日親上人産湯の井戸 | 千葉県山武市埴谷　妙宣寺西北300m | 産湯 | 日親 |
| 16洗足池 | 東京都大田区南千束 | 洗足 | 日蓮 |
| 17御硯井戸 | 東京都大田区池上2-10-5　本行寺（池上本門寺） | 硯水 | 日蓮 |
| 18朝顔の井戸 | 東京都港区三田4-8　薬王寺 | 飲用 | 日蓮 |
| 19日蓮乞水（五名水） | 神奈川県鎌倉市大町5-7　長勝寺そば | 飲用 | 日蓮 |
| 20田辺ヶ池 | 神奈川県鎌倉市七里ヶ浜1丁目　霊光寺 | 雨乞 | 日蓮 |
| 21日蓮上人御硯水の井戸 | 神奈川県鎌倉市大町4-4-18 | 硯水 | 日蓮 |
| 22蛇形の井戸 | 神奈川県鎌倉市大町1-15-1　妙本寺蛇苦止堂 | | 日蓮 |
| 23高祖井戸 | 神奈川県三浦郡葉山町木古庭1620番地付近 | 飲用 | 日蓮 |
| 24星降りの井戸 | 神奈川県厚木市金田295　妙純寺 | | 日蓮 |
| 25手洗いの井戸 | 新潟県佐渡市市野沢　実相寺 | 手洗 | 日蓮 |
| 26一杯清水（念仏清水） | 新潟県佐渡市豊田梨の木峠井戸の平 | 声 | 日朗・日蓮 |
| 27一杯清水（日郎上人） | 新潟県佐渡市真野 | 飲用 | 日朗 |
| 28上人清水 | 新潟県佐渡市相川下戸町 | 飲用 | 日蓮 |
| 29曼陀羅井戸（御井戸） | 新潟県佐渡市鳥越　お井戸堂 | 硯水，眼病 | 日蓮 |
| 30日通ゆかりの古井戸 | 新潟県佐渡市市野沢454　妙照寺 | 飲用 | 日蓮 |
| 31硯水の井戸 | 新潟県長岡市寺泊ニノ関2720　法福寺祖師堂 | 硯水 | 日蓮 |
| 32日蓮岩屋の井戸 | 新潟県新潟市西蒲区角田浜（心霊スポット） | | 日蓮 |
| 33宗祖手堀の井戸 | 新潟県三島郡出雲崎町久田323　妙本寺 | 飲用 | 日蓮 |
| 34日蓮上人の清水 | 福井県吉田郡永平寺町松岡神明3-132 | | 日蓮 |
| 35硯水（御符水） | 山梨県笛吹市石和町四日市場1388　祖師堂 | 硯水 | 日蓮 |
| 36追分感井坊の井戸 | 山梨県南巨摩郡身延町身延3567　久遠寺感井坊 | 飲用 | 日蓮 |
| 37日朗上人の井戸 | 山梨県南巨摩郡身延町身延3567　久遠寺お水屋 | 飲用 | 日朗 |
| 38姥清水の霊場 | 山梨県南巨摩郡身延町 | 飲用 | 日蓮 |
| 39日蓮ゆかりの清水 | 山梨県南巨摩郡身延町　廻天神社 | 飲用 | 日蓮 |
| 40花釣瓶の井 | 山梨県南巨摩郡南部町南部8122　妙浄寺 | 清め | 日蓮 |
| 41日蓮ゆかりの井戸 | 静岡県駿東郡小山町竹之下211　常唱院 | | 日蓮 |
| 42淡水の池（神池） | 静岡県沼津市大瀬崎 | | 日蓮 |
| 43米とぎ井戸 | 静岡県富士市岩本　実相寺祖師堂右横 | 米炊き | 日朗 |
| 44硯水井戸 | 静岡県富士宮市内房2931　本成寺 | 硯水 | 日蓮 |
| 45日蓮上人誓いの井戸 | 三重県伊勢市倭町　常明寺跡 | 硯水 | 日蓮 |
| 46日蓮の手水 | 滋賀県大津市坂本本町比叡山　常光院 | 飲用 | 日蓮 |
| 47硯水之井戸 | 京都府京都市西新屋敷中之町　法華寺 | 硯水 | 日蓮 |

傷を洗った井戸、硯水、足を洗った水等があり、特に、硯水が多いことが特徴である。歴史的な人物で、多くの井戸・湧水を残しているのは弘法大師が代表的であるが、その多くは非常時の命の水や薬水として利用されるものが多くなっている。硯水も幾つか知られているが、弘法大師が残した書物の硯水として使用された例は知られていない。硯水の水質については研究例がほとんど見られないが、一般的に雨水のような溶存物質の少ない水が墨ののりがよく、字がきれいに見えると言われている。今後、硯水を中心として水質のデータをまとめることができれば、新たな知見が得られる可能性がある。

今回、日蓮水を調査してみて分かったことは、弘法水が神聖な水として残されている割には一般にその存在があまり知られていないのに対して、一部の井戸水を除き日蓮水は一般に開放されていてよく知られているということである。弘法大師が格の高い高僧であるのに対して、一般庶民と共に戦った日蓮という好対照であることを反映しているようで面白い。

### 4）日本各地の日蓮水

①日蓮乞水

鎌倉五水（第8章）参照。

②田辺ヶ池（写真2）　神奈川県鎌倉市七里ヶ浜1-14-5霊光寺

稲村ヶ崎からも近い七里ヶ浜の奥地に霊光寺という日蓮宗のお寺に、日蓮雨乞いの旧蹟として知られている「田辺ヶ池」が現存している。『かまくら子ども風土記』によれば、享保20年（1735）に江戸講中によって建てられた「日蓮大菩薩祈雨之旧

写真2　田辺ヶ池（神奈川県鎌倉市）

蹟地」等と刻まれた石塔が発見されたことからこの地を日蓮の雨乞いの旧蹟とすることになり、霊光寺が建立された。また、『極楽寺境内絵図』には田辺ヶ池が描かれており、田那谷龍池の近くには阿仏尼が住んでいたことで知られる月影ヶ谷と極楽寺熊野那智社（聖福寺ヶ谷）も描かれている。実際には田辺ヶ池と月影ヶ谷や聖福寺ヶ谷はこんなに近接しておらず、現在の七里ヶ浜まで極楽寺の範囲だったということを伝えている。また『性公大徳譜』によれば、正安3年（1301）忍性がこの田那谷龍池で祈雨祈祷を行い寺まで帰らないうちに大雨になったという記録が残されている。

③御硯水の井戸（写真3）

鎌倉市大町4にある額田記念病院駐車場奥に「日蓮聖人 御硯水の井戸 化生窟 駐車場左奥にあります」の看板が掛かっている。その道を進んでいくと、御硯水の井戸と化生窟がある。化生窟は、日蓮が建長5年（1253）春に鎌倉に来た折に最初の一夜の宿とした所と伝えられ、この谷戸にひそむ妖怪を済

写真3　御硯水の井戸（神奈川県鎌倉市妙本寺）

度した所とも言われている。

御硯水は、日蓮が硯の水や日常の生活用水として使った井戸である。平成15年（2003）、日蓮宗開宗750年にあたり、御硯水の覆堂を建立し、化生窟に屋根が架けられている。

写真４　蛇形の井戸（神奈川県鎌倉市）

④蛇形の井戸（写真４）

比企の乱の折、二代将軍源頼家の側室であった若狭局は家宝を抱えてこの蛇形の井戸に飛び込み自害したと伝えられている。また、蛇形の井戸は丘を越えた大町にある六方井と通じているとも言われている。

応永29年（1422）、京都扶持衆の佐竹与義は鎌倉公方の足利持氏の討伐によって妙本寺の法華堂に籠もって自刃したが、その際、火がかけられたため、住職の日行は日蓮の描いた曼荼羅を持ち出し、蛇苦止堂の井戸に隠そうとした。その時、蛇が現れ、空には雲が起こって大雨を降らせ、火を消したと伝えられている。

⑤阿池（写真５）神奈川県鎌倉市妙隆寺、日蓮修行の池

阿池のある妙隆寺は、日蓮修行の地として知られている。阿池の詳細は不明であるが、日蓮が毎日この池の水を利用していたことであろう。

⑥高祖井戸（写真６）

神奈川県三浦郡葉山町木古庭に「高祖井戸」がある。高祖と

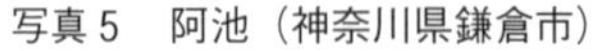

写真５　阿池（神奈川県鎌倉市）

写真６　高祖井戸（神奈川県葉山町）

は日蓮のことで、建長５年（1253）故郷の安房から布教のために鎌倉へと向かった日蓮は、海路三浦半島の米が浜（現 横須賀市米が浜）に到着し、陸路を鎌倉へと向かった。

この高祖井戸のあるあたりは当時、鎌倉へと向かう道で、日蓮は木古庭で数日を滞在したと言われている。また、高祖井戸へと向かう坂は高祖坂と言われ日蓮が切り開いたとされている。

＊なお、本節は平成23・24年度立正大学石橋湛山記念基金研究助成（研究代表者：河野　忠）の一部を使用した。

## （４）源氏ゆかりの名水

①源義経公首洗井（写真７）

この井戸は、藤沢本町交番近くにあるマンションの前に小さな「伝源義経首洗井戸」という立て札を左折するとある。

源義経首洗井については、鎌倉幕府の記録「吾妻鏡」によると、兄・頼朝に追われた義経は奥州に逃れたが、文治５年（1189）義経を匿ってくれた藤原秀衡の後を継いだ泰衡が頼朝に届し、数百騎を率いて義経の衣川館を襲い討ち取った。“衣川の合戦”として名高い。泰衡から義経の首が鎌倉に届けられると首実検が行われ、のちに片瀬海岸に捨てられたと言う。それが潮にのって境川を遡り漂っていたのを里人がすくいあげ、洗い清めた井戸と言われる。

②北条時宗公産湯の井（写真8）

江ノ電長谷駅で下車し、北東に進んだ甘縄神社にある。鎌倉としては観光客の少ない静かな神社であるが、この本殿下に、鎌倉幕府の執権「北条時宗公産湯の井」、「二条公爵愛用の井」がある。

③弁慶硯水・義経公手洗い井戸（写真9）

神奈川県鎌倉市腰越にある満福寺は、天平16年

写真7　源義経公首洗井（神奈川県藤沢市）

写真8　北条時宗公産湯の井

写真9　義経公手洗い井戸（神奈川県鎌倉市満福寺）

(744) に開山された真言宗大覚寺派の寺院である。聖武天皇の命を受けた行基が、疫病を封じるために薬師如来を祀ったのが始まりと言われている。また、源義経が滞在し腰越状を書いた寺としても有名で、境内には弁慶硯水の池、義経手洗い井戸や弁慶の腰掛石等が残されている。

### (5) 太閤水

豊臣秀吉由来の名水も多く見られるが、特に秀吉らしいのが「太閤水」である。太閤水というのは、京都や九州に茶の湯水として伝えられた名水である。中でも一番有名な太閤水は天正15年 (1587) 京都で行われた秀吉主宰の大茶会で使用された北野天満宮にある茶の湯水である。今ではコンクリートの蓋がされ井戸水の存在は確認できないが、周辺の地下水位の低下はあまり認められない。北野天満宮周辺には、他にも大茶会で利用されたと伝えられている三斎井戸や千利休にまつわる幾つかの井戸が存在している。また、後述する北九州には朝鮮出兵の名残と考えられる太閤水が海岸沿いに点々と存在している。

### (6) 仁聞にまつわる名水

①金水銀水 (写真10) 大分県豊後高田市西叡山

「金水銀水」は国東半島六郷満山の開祖、仁聞菩薩の隠し水とも言われ、地元の人でさえ滅多に訪れることのない、幻の水である。西叡山西麓の川を遡り、途中から東進し、道なき道を行き、１時間半ほど岩場をよじ登ったところ、オーバーハング状の奥行き５m、高さ0.5mほどの岩窟の中に清冽な水が静かに湧き出している。この岩窟は左右２つに分かれており、向かって右が金水、左が銀水と言われている。残念ながら私が訪れた2003年３月には左側の岩窟はほぼ埋まっており、銀水を確認することはできなかった。案内して頂いた方の話では、金水の鮮明な写真はこれが初めてということである。

写真10　金水（大分県豊後高田市）

この岩窟からほんのわずか岩場をよじ登ると、やはり仁聞ゆかりの修行の場と言われる戸無し戸の口が望見できる。金水銀水もそうだが、この戸無し戸の口を肉眼で見た人の数はごく僅かと言われ、岩窟に近づいたものは病気になる、等の伝説も伝えられていることから、本当に幻の名水といって良いであろう。なお私の執筆時点で西叡山の金水銀水を訪れるには地元の方の案内が必要である。有志の方が、登山道の整備をする予定があるので、行きたい方は整備がすむのを待ってから訪れるのが無難である。また、水も簡単には汲めず、低い洞窟の中を泥だらけになりながら這っていく必要がある。

ところで日本各地には金水銀水と呼ばれる湧水が数ヶ所知られている。特に、香川県四国八十八ヶ所結願寺である大窪寺奥の院にある金水銀水は１ｍほど離れた岩の窪みに湧き出しており、確かに金色、銀色のように見える。実際は銀水が無色透明な清冽な水であるのに対して、金水は黄色っぽい浮遊物が含まれているために金色に見えるのである。まだ確認したわけではないが、中央構造線沿いに分布する湧水の中には、黄色の浮遊物が見られるものがあり、豊後高田市や大窪寺の金水も断層沿いにあることから、地球深部由来の物質が断層を通って湧出することが原因であると考えている。

②御許山と津波戸山の硯石水（第６章参照）

山香町には、「硯石水」と言われる湧水が２ヶ所知られている。どちらも仁聞が書をしたためる際に使用した水と伝えられている。宇佐神宮の領地である御許山山頂にある神社裏手に小さな祠があり、その前に直径15cm、深さ２～３cmの窪みが３つある。そこから清澄な水が静かに湧き出している。この窪みは大きな一枚岩に穿かれた硯石のように見える。何故このような山頂の岩から水が湧出するのか、その理由は不明である。

御許山の東、豊後高田市との境に聳えるのが津波戸山である。この山の山頂から50mほど下ったところにもう１つの仁聞の硯石水がある。急な岩場に造られた大きな祠の横の岩の割れ目に打ち込まれたパイプから透明な水が静かに湧き出している。

この２つの硯石水の水質を調べると、ほぼ純水に近いことが分かった。書に用いられる水は、弘法大師伝説の水に多く見られるが、その水を使用して墨をすると字がうまくなると伝えられている。常識的に考えてそんなことはあり得ないと思われるが、かいつまんで言うと、墨がきれいに紙にのる水質というのがあるそうなのだ。それは溶存成分濃度の低い水が相当するらしい。

## （7）種田山頭火にまつわる名水

①山頭火の名水（写真11）三重町市場

言わずとしれた種田山頭火が大分を放浪した際、三重町の泉町に逗留した。ここは昔から、湧き水の豊富な地域で、以前はこの湧水を使った風呂屋があり、山頭火もこの風呂につかり、湯上がりにこの湧水を味わったと言われている。

ところでこの湧水は水質的には特に特徴のある湧水ではない。面白いのはこの山頭火の名水が自噴しているということである。近くの民家にも同様の自噴井戸があり、この地域が自噴地域であることが推察される。地下水が自噴する地域は大分にはほとんど知られていない。一部深井戸を掘った際や、温泉掘削の際に自噴した地下水が存在する（直入町の海原神水や籾山八幡水など）が、自然に自噴している地域は恐らくここだけであろう。この自噴井戸と降水量の関係を是非とも調べたいと考えているのだが、機会を逸してしまった。地元の方や高校生が名乗りを上げてくれることを期待している。

写真11　種田山頭火の名水（大分県豊後大野市三重町）

山頭火は竹田市にも立ち寄っており、「酔ひざめの

水を探すや　竹田の宿で」という句を残している。この名水がどれかを特定することはできないが、竹田五名水の１つと考えて間違いないであろう。

## （8）松平忠直（一伯）公にまつわる名水

忠直卿乱行記で知られる松平忠直（大分では愛着を込めて“一伯さん”と呼ばれている）であるが、大分の地に配流された後は大人しく暮らしていたようである。その忠直卿は茶人として知られ、その茶の湯に利用された水が「御前水」である。現在の御前水周辺は宅地開発に追われ見る影もない無惨な状態になっているが、以前は立派な祠があり、大切に利用されていたことが知られる（写真12）。水質は典型的な軟水であり、恐らくお茶に適していたことを経験的に知っていたのであろう。このような由緒ある名水が消えていくことは何ともむなしい気持ちがするものである。是非とも保全に向けて、地域の人々が立ち上がられることを願っている。

写真12　御前水（大分県大分市）の今昔

ところでこのような茶の湯に利用された名水は日本

各地に分布しているが、大分にも幾つかが有名人の茶の湯に利用されたことが知られている。臼杵市にある「近衛水」(揚柳水) は関白近衛公が利用した茶の湯水として伝えられているが、御前水同様、現在は見る影もなく荒れ果ててしまっている。庄内町にも「殿様の御好水」と呼ばれる名水が伝えられている。この水は名水の里、庄内町の大分川が形成する河岸段丘崖下から湧出するが、この名水の持ち主である民家の方の情報では、油脂状の浮遊物が見られることがあるとのことで、段丘上の汚染物質が流れ込んでいるらしい。

## (9) その他の著名な人物ゆかりの名水の分布

図4～9に、著名な歴史上の人物にゆかり名水の分布図を示す。安倍晴明、源氏、行基、坂上田村麻呂、平家、蓮如を挙げているが、それぞれが活動した地域に限られて見られることが分かって面白い。

一杯水　山口県下関市
壇ノ浦の戦いで深手を負い、命からがら岸に泳ぎ着いた平家の武将が水溜りを見つけ、飲んでみると真水だった。が、もう一口飲もうとしたら塩水になっており、その場で力尽きた

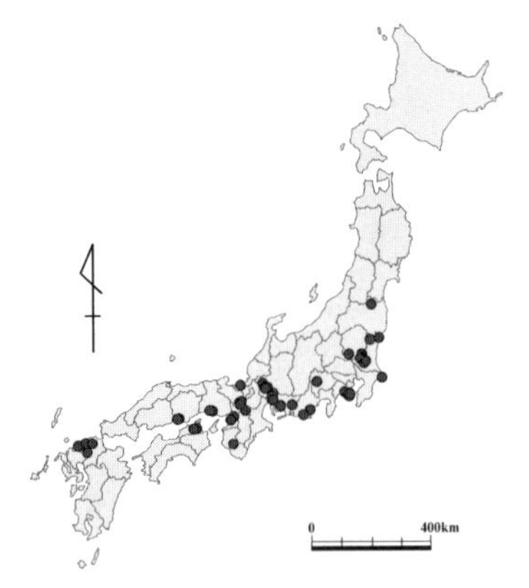


図４　晴明水の分布

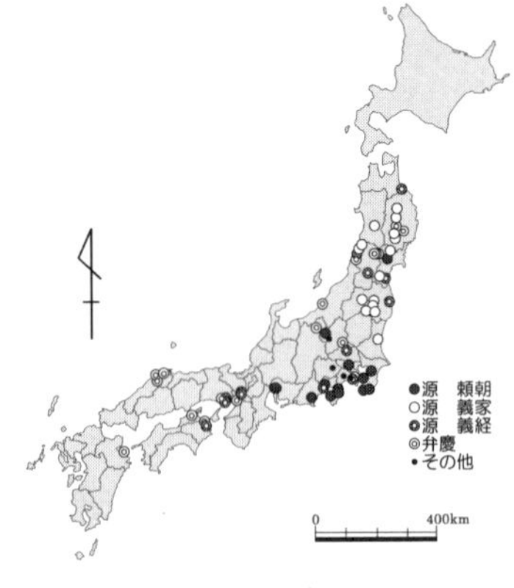


図５　源氏ゆかりの水

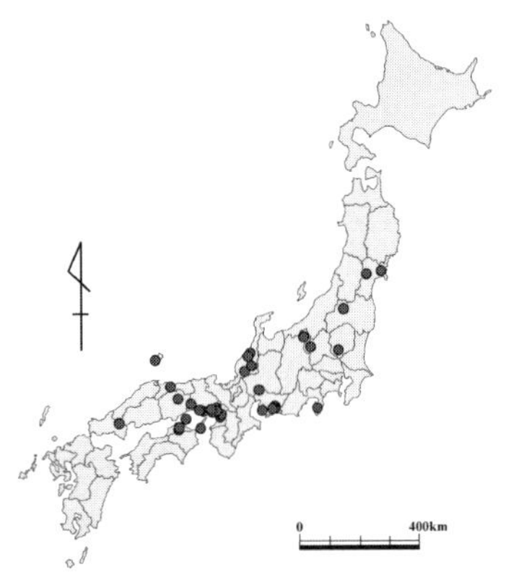


図６　行基水の分布

図７　坂上田村麻呂ゆかりの水

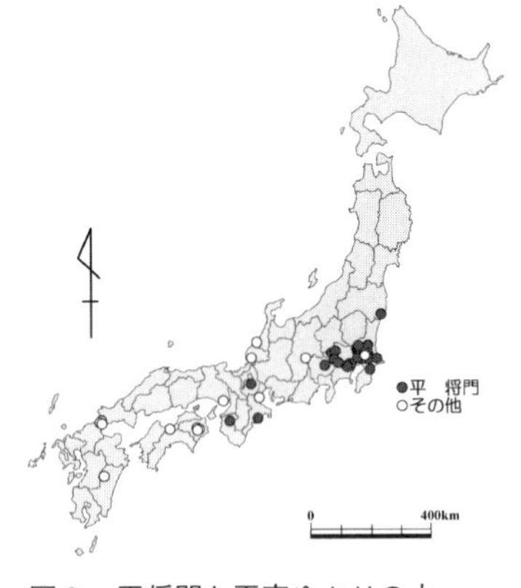


図８　平将門と平家ゆかりの水

図９　蓮如水の分布

## 参考文献

阿部日顕監修（1981）：『日蓮大聖人正伝』，日蓮正宗総本山大石寺，483p.
石上　堅（1964）：『水の伝説』，雪華社，306p.
大分県（1988）：「阿蘇くじゅう国立公園くじゅう地域学術調査報告書」，大分県，180p.
大分大学教育学部（1968）：「くじゅう総合学術調査報告書」，大分大学，741p.
川上誠一（1994）：『しまね水の旅』，プロジェクト，141p.
熊本の湧泉研究会（2004）：『水は伝える　熊本の湧泉』，熊本電波工業高等専門学校出版会，476p.
蔵田延男（1951）：日本の井戸とその歴史．地学雑誌，Vol.60，No.682，183-190.
河野　忠（1996）：大分県日出町の海底湧水と地下水．日本文理大学紀要，Vol.24，No.２，103-109.
河野　忠・長田美智子（1999）：大分県臼杵市の名水―その現状と水文学的特徴―．日本文理大学環境科学研究所報告，No.２，20-29.
河野　忠（2000）：硫黄山噴火前後の周辺湧水の動向．大分県温泉調査研究会報告，No.51，29-34.
河野　忠（2000）：「地下水・湧水の湧出形態と水質形成機構の解明―弘法水を例として―」，河川整備基金助成事業研究成果報告書，69p.
河野　忠（2001）：名数からみた井戸枠の形式―六角井戸の研究―．地域研究，Vol.42，No.１，２，58p.
河野　忠（2002）：『弘法水の水文科学的研究』，立正大学学位論文，135p.
河野　忠（2002）：高知県の名水．地下水学会誌，Vol.44，No.４，325-335.
河野　忠（2002）：七五三の名水とその成立過程．地域研究，Vol.43，No.１，p.46.
河野　忠（2003）：「大分の伝説の水を科学する」，『大分学・大分楽』（共著）所収，明石書店．99-113.
河野　忠（2003）：福岡県の名水―伝説に彩られた北部の名水―．地下水学会誌，Vol.45，No.４，469-478.
河野　忠（2004）：大分県湧水の水文科学的研究．大分県温泉調査研究会報告，No.55，53–67.
酒井軍治郎（1965）：魔法の杖．地下水と井戸とポンプ，Vol.7，No.10，8–10.
佐藤洋三郎（1976）：『日出城下鰈の研究』，緑書房，98p.
志賀史光・川野多実夫・小石哲史（1983）：国東半島陸水の水質，『国東半島―自然・社会・教育―』，大分大学教育学部，72–84.
白井優子（1986）：『空海伝説の形成と高野山』，同成社，458p.
千　宗室監修・堀内國彦編（2000）：茶道学大系　第八巻『茶の湯と科学』，淡交社，446p.
高村弘毅・河野　忠（1994）：名水を訪ねて―大野盆地の湧水群―　御清水．日本地下水学会誌，Vol.23，No.3，255–261.
高村弘毅（1996）：地球上の水についての思考史．地下水技術，Vol.38，No.2，1–5.
高村弘毅・河野　忠・島野安雄（1998）：名水を訪ねて―長崎県の名水―．日本地下水学会誌，Vol.41，No.1，35–44.
永田美穂（2010）：『日蓮と法華経』，青春出版社，203p.
日本地下水学会編（1994）：『名水を科学する』，技報堂出版，299p.
日本地下水学会編（1999）：『続名水を科学する』，技報堂出版，264p.
日色四郎（1964）：『日本上代井の研究』，日色四郎先生遺稿出版会，201p.
南　正時（2006）：『名水に会いたい』，グラフ社，255p.
村下敏夫（1966）：『水井戸のはなし』，ラテイス，152p.
森山善蔵・日高　稔・堀　五郎・津崎俊幸（1983）：国東半島の地質，『国東半島　―自然・社会・教育―』，大分大学教育学部，29–62.
柳田国男（1930）：『日本の傳説』，三国書房，270p.
柳田国男（1940）：『伝説』，岩波新書，180p.
山本　博（1970）：『井戸の研究』，綜芸舎，315p.
山本　博（1978）：『神秘の水と井戸』，学生社，218p.
和歌森太郎編著（1973）：『弘法大師空海』，雄渾社，361p.
渡辺克己（1979）：『豊後の磨崖仏散歩』，双林社，339p.
臼杵市観光協会 HP　http://www.usuki-kanko.com/

### 伝説・伝承などに関する文献

足利武三・井上　優（1994）:『九州の名水100泉』，西日本新聞社，196p.
阿部隆好編（1979）:『豊岡古人語集』，竹屋書店，55p.
天本孝志（1983）:『九州の山と伝説』，葦書房，346p.
荒木博之編（1987）:『日本伝説体系　第十三巻北九州』，みずうみ書房，399p.
石井　忠ほか（2000）:『福岡を歩く』，葦書房，347p.
市場直次郎編著（1973）:『豊国筑紫路の伝説』，第一法規，308p.
牛嶋英俊（2006）:『太閤道伝説を歩く』，弦書房，281p.
歌野　敬ほか（1993）:『福岡周辺のおいしい水』，不知火書房，125p.
梅木秀徳・辺見じゅん（1980）:『大分の伝説』，角川書店，248p.
奥村玉蘭・田坂大蔵（1985）:『筑前名所図会』，文献出版，897p.
大分県教育会編（1931）:『大分県郷土伝説及び民謡』，大分県教育会，308p.
大分県総務部総務課編（1986）:『大分県史　民俗編』，大分県，945p.
大分県立大分東高校郷土研究部（2003）:「おおいた名水紀行30選」，大分東高校，36p.
大分合同新聞社（1974）:『大分の伝説　上巻』，大分合同新聞社，226p.
大分合同新聞社（1974）:『大分の伝説　下巻』，大分合同新聞社，226p.
大野康雄（1987）:『五台山誌　復刻版』，土佐史談会，242p.
柏木　實ほか（1999）:『北九州を歩く』，海鳥社，217p.
北九州大学民俗研究会（1974）:『入津湾の民俗』，蒲江町，184p.
京築の会（2005）:『京築を歩く』，海鳥社，135p.
郷土史蹟傳説研究会編（1932）:『増補　豊後傳説集』，郷土史蹟傳説研究会，119p.
玖珠郡史談会編（1991）:『玖珠川歴史散歩』，葦書房，222p.
楠原佑介・本間信治（1976）:『地名伝説の謎』，新人物往来社，236p.
熊本日日新聞情報文化センター（1998）:『熊本の名水』，熊本日日新聞社，198p.
香月靖晴ほか（1996）:『筑豊を歩く』，海鳥社，197p.
河野　忠（2003）:「大分の伝説の水を科学する」，『大分学・大分楽』（分担執筆）所収，明石書店，99-113.
斎藤昭俊（1974）:『弘法大師伝説集　第一巻』，国書刊行会，297p.

斎藤昭俊（1975）：『弘法大師伝説集　第二巻』，国書刊行会，365p.
斎藤昭俊（1976）：『弘法大師伝説集　第三巻』，国書刊行会，292p.
斎藤昭俊（1984）：『弘法大師信仰と伝説』，新人物往来社，206p.
佐藤四信（1980）：『おおいた文庫　豊後風土記』，アドバンス大分，267p.
西南学院大学国語国文学会古典文学研究会（1986）：大分・福岡の伝説分類案　その（三）．西南学院大学古典文学研究，第五輯，3-102.
田中熊雄ほか（1986）：『九州・沖縄地方の水と木の民俗』，明玄書房，224p.
樋口義久（2005）：マグロ漁船の基地保戸島．津久見史談，No.9，41-57.
日出町（1986）：『日出町誌　資料編』，日出町，1243p.
福井県鯖江女子師範学校・鯖江高等女学校郷土研究部編（1936）：『福井県の伝説』．福井県教科書供給所，640p.
福岡県編（1994）：『福岡県文化百選　水編』，西日本新聞社，210p.
淵　敏博編（2003）：『神と仏と鬼と出会える　宇佐・国東めぐり』，地域文化出版，78p.
淵　敏博編（2003）：『ゆふいんの女神と大湖伝説』，地域文化出版，44p.
淵　敏博編（2003）：『べっぷ八湯と地獄　湧く湧く百科』，地域文化出版，77p.
古江研也・荒牧一利・田中浩二（1992）：熊本県の湧泉にまつわる伝説・伝承とその利用状況．熊本地理，Vol.3，24-37.
平凡社地方資料センター（1995）：『大分県の地名』，平凡社，692-693.
堀藤吉郎（1956）：『別府の傳説と情話』，別府民間伝承研究会，197p.
南　正時（2006）：『名水に会いたい』，グラフ社，255p.
名水探訪サークル編（2003）：『名水わき水ガイド　九州版』，リベラル社，159p.
柳田国男監修（1971）：『日本伝説名彙』，日本放送出版協会，523p.
山本　博（1978）：『神秘の水と井戸』，学生社，218p.
吉野　裕（1979）：『風土記』，東洋文庫，444p.

# 第3章
# 磨崖仏に湧水が存在する謎を解く

宮迫西磨崖仏
近年国宝に指定された磨崖仏（大分県豊後大野市緒方町久土知）

写真１　古園石仏の大日如来（上）と観音の井戸（大分県臼杵市深田）

## （1）はじめに

大分県臼杵市にある国宝、臼杵石仏は日本を代表する磨崖仏である。観光客は国宝の古園（ふるぞの）石仏（写真1上）見たさに足早にホキ石仏を通り過ぎるが、その前に「観音の井戸」（写真1下）と呼ばれる名水があることに気付く人は少ない。更に石仏群から奥に歩くと、真名野長者に由来する「化粧の井戸」（写真2）という名水がある。こちらはパンフレットに紹介されているものの、少し距離があるので、ここまで物見遊山に来る観光客はさすがにごく僅かである。また、ホキ石仏背後の崖上集落には、「ホキの井戸」（写真3）という名水が人知れず湧いている。

私は大分県に無数に存在する湧水の湧出量と水質を調べ水文科学的な研究を実施してきたが、湧水を求めて県内を歩き回ると、多くの磨崖仏に出会うことになる。この磨崖仏には水が存在する場合が多かった。それに気付いたのは大分に赴任してしばらく経ってからであったが、データを見直してみると、実に

写真2　化粧の井戸（臼杵市深田）

写真3　ホキの井戸（大分県臼杵市下中尾）

多くの磨崖仏に湧水が存在していたのである。そこで、磨崖仏と湧水の悉皆調査を開始した。長い歴史の中で摩滅してしまい、忘れ去られてしまった磨崖仏が多く、場所が分からずに大いに苦労したものだが、大分県内だけで53ヶ所の石仏を訪れたところ、そのほとんどすべてに湧水が存在することを確認した。これはいったい何を意味しているのだろう。

## （2）磨崖仏とは

### 1）磨崖仏と石仏

一般的に磨崖仏とは石仏の一種であり、自然の懸崖に露出した岩や岩壁に仏像を彫刻したものを言うが、仏像に限らず梵字等が刻まれた「種子磨崖」、南無阿弥陀仏の六字名号が刻まれた「名号磨崖」、五輪塔等が刻まれた「磨崖」や石窟内の壁に刻まれた「石窟仏」等を含めた総称として用いられている。同じ磨崖仏であっても、その彫りの深さによって、線彫（せんぼり）、薄肉彫、半（中）肉彫、厚（高）肉彫に区別される。学術的には磨崖仏はすべて石仏と呼んでいるが、移動可能な石仏を狭い意味での石仏と考えると、これは信仰のために造られたもので、その造られた地域に意味を持っているわけではない。石仏を移動した場合には、造られた場所を特定することはまず不可能であり、いわば地理的情報が失われているといってよい。これに対して、本節で扱う磨崖仏は移動不可能で、その場所で造立された地理的情報を含んでいるものを対象としている。磨崖仏に水が存在することはその地域に潜在する何らかの理由があると考えて、ここではあえて狭い意味での磨崖仏にこだわることにする。

湧水の存在が磨崖仏のどの程度の範囲にあるかという問題があるが、ここでは周囲10m 程度とし、磨崖仏と湧水が寺社の境内にある場合は距離に関係なく存在するという基準で話を進めていく。

### 2）磨崖仏の造立年代

大分県の磨崖仏は白鳳時代のものが数例あるが、一般的には平安時代後期以降のものがほとんどである。制作年代の分かる摩崖仏は極めて少なく、鎌倉時代以後のものに若干の記述があるにすぎない。臼杵石仏の堂ヶ迫石仏群は石塔の銘から1170年頃に造立されたかなり古い磨崖仏であることが推定できるが、その他の磨崖仏は11-15世紀頃に造立されたと考えられている。

## （3）磨崖仏の分布と湧水が存在する不思議

### 1）日本における磨崖仏の分布

磨崖仏は日本全国に平均的に存在するのではなく、東北地方の福島県や近畿地方の滋賀県・奈良県・京都府、九州地方、特に大分県に集中している。明確な理由は不明だが、天台宗や真言密教、修験道、民間信仰等の場や、自然科学的条件である岩石の種類等に影響を受けたとも考えられている。その中で、多くが古くからの仏教文化中枢の地であった京都府・奈良県を中心とした近畿地方に集中するが、大分県はそれに匹敵する磨崖

表1　磨崖仏と湧水一覧

| No. | 磨崖仏名 | 所在地 | 湧水 | 湧水名 |
|---|---|---|---|---|
| 1 | 所小野磨崖仏 | 大分県下毛郡山国町所小野 | | |
| 2 | 古羅漢磨崖仏 | 大分県下毛郡本耶馬渓町跡田 | △ | |
| 3 | 五百羅漢 | 大分県下毛郡本耶馬渓町跡田羅漢寺 | ○ | 甘露の水 |
| 4 | 禅源寺磨崖仏 | 大分県宇佐市四日市町下麻生 | | |
| 5 | 鷹巣観音磨崖仏 | 大分県宇佐市四日市町山本 | ○ | |
| 6 | 五百羅漢 | 大分県宇佐市江須賀東光寺 | × | |
| 7 | 新原磨崖仏 | 大分県宇佐郡安心院町新原 | | |
| 8 | 下市磨崖仏 | 大分県宇佐郡安心院町下市 | ○ | |
| 9 | 楢本磨崖仏 | 大分県宇佐郡安心院町楢本 | △ | |
| 10 | 両戒山磨崖仏 | 大分県宇佐市両戒 | | |
| 11 | 熊野磨崖仏 | 大分県豊後高田市平野 | ○ | |
| 12 | 鍋山磨崖仏 | 大分県豊後高田市大字田染 | ○ | |
| 13 | 大門磨崖仏 | 大分県豊後高田市大門 | △ | |
| 14 | 元宮磨崖仏 | 大分県豊後高田市田染中村 | ○ | |
| 15 | 青宇田磨崖仏 | 大分県豊後高田市美和字青宇田 | × | |
| 16 | 行者磨崖仏 | 大分県豊後高田市長岩屋天念寺身濯神社 | △ | |
| 17 | 川中不動 | 大分県豊後高田市長岩屋天念寺 | △ | |
| 18 | 蕗磨崖仏 | 大分県豊後高田市蕗 | | |
| 19 | 城山四方仏石 | 大分県豊後高田市真中字城山 | | |
| 20 | 福寿寺薬師堂磨崖仏 | 大分県豊後高田市平野字陽平 | ○ | |
| 21 | 不動岩磨崖仏 | 大分県西国東郡大田村石丸字峰平 | | |
| 22 | 小河原磨崖仏 | 大分県西国東郡大田村沓掛字小河原 | | |
| 23 | 岩屋堂磨崖仏 | 大分県西国東郡大田村沓掛字下 | | |
| 24 | 福真磨崖仏 | 大分県西国東郡真玉町黒土 | △ | |
| 25 | 中の坊磨崖仏 | 大分県西国東郡真玉町黒土 | ○ | |
| 26 | 堂の迫磨崖仏 | 大分県西国東郡真玉町大岩屋応暦寺 | △ | |
| 27 | 磨崖聖徳太子像 | 大分県西国東郡真玉町大岩屋応暦寺 | △ | |
| 28 | 梅の木磨崖仏 | 大分県西国東郡香々地町夷 | ○ | |
| 29 | 六所神社磨崖仏 | 大分県西国東郡香々地町夷字東南払 | △ | |
| 30 | 堂園磨崖仏 | 大分県西国東郡香々地町夷字堂園 | | |
| 31 | 千燈寺奥の院磨崖仏 | 大分県東国東郡国見町千燈 | ○ | |
| 32 | 千燈寺来迎石 | 大分県東国東郡国見町千燈 | ○ | |
| 33 | 八坂神社磨崖仏 | 大分県東国東郡安岐町下馬場字中村 | | |
| 34 | 仏ヶ迫磨崖仏 | 大分県速見郡山香町立石字仏ヶ迫 | | |
| 35 | 西鶴磨崖仏 | 大分県速見郡山香町下字西鶴 | | |
| 36 | 又井磨崖仏 | 大分県速見郡山香町又井 | × | |
| 37 | 棚田磨崖仏 | 大分県速見郡山香町棚田 | ○ | |
| 38 | 倉成磨崖仏 | 大分県速見郡山香町倉成 | ○ | |
| 39 | 小武磨崖仏 | 大分県速見郡山香町小武 | ○ | |
| 40 | 内成磨崖仏 | 大分県別府市内成字下畑 | | |
| 41 | 鎰掛磨崖仏 | 大分県別府市内成字鎰掛 | | |
| 42 | 元町磨崖仏 | 大分県大分市元町 | ○ | 閼伽水 |
| 43 | 岩屋寺磨崖仏 | 大分県大分市古国府 | ○ | 閼伽水 |
| 44 | 伽藍磨崖仏 | 大分県大分市永興字南太平寺 | △ | |
| 45 | 首切場磨崖仏 | 大分県大分市永興字南太平寺 | | |
| 46 | 曲磨崖仏 | 大分県大分市曲字小森岡 | ○ | |
| 47 | 敷戸磨崖仏 | 大分県大分市鴛野字敷戸 | | |
| 48 | 高瀬磨崖仏 | 大分県大分市高瀬 | ○ | |
| 49 | 口戸磨崖仏 | 大分県大分市口戸 | △ | |
| 50 | 碇尾磨崖仏 | 大分県大分市吉野原字碇尾 | | |
| 51 | 鬼崎磨崖仏 | 大分県大分郡挾間町鬼崎 | | |
| 52 | 太田磨崖仏 | 大分県大分郡野津原町太田地福寺 | | |
| 53 | 舟地蔵線刻磨崖仏 | 大分県大野郡犬飼町犬飼 | △ | |

| | | | | |
|---|---|---|---|---|
| 54 | 犬飼石仏 | 大分県大野郡犬飼町田原 | ○ | |
| 55 | 菅尾石仏 | 大分県大野郡三重町浅瀬 | ○ | |
| 56 | 大迫磨崖仏 | 大分県大野郡千歳村大迫 | ○ | |
| 57 | 落水磨崖仏 | 大分県大野郡大野町住吉 | ○ | 落水地蔵堂の水 |
| 58 | 木下磨崖仏 | 大分県大野郡大野町十時字木下 | ○ | |
| 59 | 田村磨崖仏 | 大分県大野郡朝地町池田字田村 | | |
| 60 | 志賀八原磨崖仏 | 大分県大野郡朝地町志賀字村崎 | | |
| 61 | 栗の木不動磨崖仏 | 大分県大野郡朝地町志賀 | | |
| 62 | 普光寺磨崖仏 | 大分県大野郡朝地町上尾塚 | ○ | 殿様井戸 |
| 63 | 梨小磨崖仏 | 大分県大野郡朝地町梨小字小川野 | | |
| 64 | 緒方宮迫東石仏 | 大分県大野郡緒方町新字久土知 | ○ | |
| 65 | 緒方宮迫西石仏 | 大分県大野郡緒方町新字久土知 | ○ | |
| 66 | 大化切小野谷磨崖仏 | 大分県大野郡緒方町大化字今山切小野谷 | ○ | |
| 67 | 大化五重谷磨崖仏 | 大分県大野郡緒方町大化字今山五重谷 | ○ | |
| 68 | 不動ヶ淵磨崖仏 | 大分県大野郡緒方町天神 | △ | |
| 69 | 軸丸磨崖仏 | 大分県大野郡緒方町軸丸字北 | ○ | 眼洗い水 |
| 70 | 瑞光庵磨崖仏 | 大分県大野郡緒方町越生 | ○ | |
| 71 | 大渡地蔵 | 大分県大野郡緒方町夏足字大渡 | | |
| 72 | 石源寺磨崖仏 | 大分県大野郡清川村六種字石原 | ○ | |
| 73 | 柏野石仏 | 大分県大野郡清川村平石字柏野 | ○ | |
| 74 | 長尾野磨崖仏 | 大分県大野郡野津町 | | |
| 75 | 碧雲寺線刻磨崖仏 | 大分県竹田市会々字城北 | ○ | |
| 76 | 会々磨崖仏 | 大分県竹田市会々 | | |
| 77 | 妙見寺(下木)磨崖仏 | 大分県竹田市会々字下木 | △ | |
| 78 | 上坂田磨崖仏 | 大分県竹田市上坂田 | ○ | |
| 79 | 上畑磨崖仏 | 大分県竹田市上畑字桑迫 | | |
| 80 | 長湯線彫磨崖仏 | 大分県直入郡直入町馬場 | △ | |
| 81 | 瑞厳寺磨崖仏 | 大分県玖珠郡九重町松木 | ○ | |
| 82 | 払川石仏 | 大分県臼杵市中尾字払川 | ○ | 払川石仏の井戸 |
| 83 | ホキ磨崖仏第一龕<br>ホキ磨崖仏第二龕<br>堂ヶ迫磨崖仏第一龕<br>堂ヶ迫磨崖仏第二龕<br>堂ヶ迫磨崖仏第三龕<br>堂ヶ迫磨崖仏第四龕<br>山王山磨崖仏<br>古園磨崖仏 | 大分県臼杵市深田臼杵石仏 | ○ | 観音の水<br>化粧の井戸<br>ホキの井戸 |
| 84 | 門前大日石仏 | 大分県臼杵市前田字大日 | ○ | |
| 85 | 田野磨崖仏 | 大分県南海部郡宇目町重岡字田野 | ○ | |
| 大分県外の磨崖仏 | 岩観音 | 群馬県利根郡川場村谷地 | ○ | 岩観音の水 |
| | 大岩山日石寺 | 富山県中新川郡上市町大岩 | ○ | 穴谷霊水 |
| | 鵜殿窟磨崖仏 | 佐賀県東松浦郡相知町和田 | ○ | |
| | 五百羅漢 | 佐賀県武雄市武雄御船山 | ○ | 五百羅漢の水 |
| | 御手水観音の磨崖仏 | 長崎県諫早市御手水町 | ○ | 御手水 |
| | 千体仏 | 熊本県宇土市城塚町城塚 | ○ | 千体仏の水 |
| | 鵜戸神宮の磨崖仏 | 宮崎県日南市宮浦鵜戸神宮 | ○ | お乳水 |
| | 観音淵の石仏 | 鹿児島県鹿屋市下高隈町 | ○ | 観音淵の水 |
| | 清泉寺跡磨崖仏 | 鹿児島県鹿児島市下福元町草野 | ○ | 清泉寺跡の水 |
| | 清水磨崖仏 | 鹿児島県川辺郡川辺町 | ○ | 清水湧水・清魂水 |
| | 鍛冶屋川磨崖仏 | 鹿児島県川辺郡坊津町泊 | ○ | 鍛冶屋川 |
| | 下浜滝磨崖仏 | 鹿児島県川辺郡坊津町坊字下浜 | ○ | 下浜滝の井戸 |

岩男・窪田（1974）:『大分の磨崖仏』を修正して作成。

※　○は湧水のある磨崖仏、△は湧水跡あるいは河川がある磨崖仏、×は湧水の見られない磨崖仏で、空欄は未調査を示す。臼杵磨崖仏群は8ヶ所をまとめて1ヶ所とした。また、所在地は、便宜上旧市町村名を用いた。

仏密集地域であり、現在もその所在が知られるものだけでも85ヶ所、総数約400体にのぼる尊像が確認され、一説に全国総数の8割を占めているとされている。「大分県は磨崖仏の宝庫である」と言われるのも当然であろう。

### 2）大分県における磨崖仏の分布と湧水

表1に大分県の磨崖仏一覧と、湧水の存在状況を示す。また、その分布を図1に示す。未調査の磨崖仏がまだ相当数あるものの、そのほとんどに湧水が存在する、もしくは湧水跡が存在することが明らかである。未調査のものも含めると湧水の存在する割合は、曖昧なものも含めて60％ほどであるが、調査済みのものだけを対象とすると、なんと94％にも達する（図2）。しかも、湧水の存在しない磨崖仏は本稿で定義した磨崖仏とは言えないもので、これを除くとすべての磨崖仏に湧水が存在していたことになる。

①県北部（宇佐～国東半島）

県北の宇佐市から国東半島にかけては、熊野磨崖仏（写真4）、元宮（もとみや）磨崖仏、天念寺川中不動等、大分を代表する磨崖仏が数多く見られ、年代的に最も古い地域である。この地域は虚空蔵（こくうぞう）寺（廃寺）や法鏡寺（廃寺）等7世紀後半には既に寺院の建立があり、次いで宇佐八幡宮の勢力が最も拡大した平安時代には、国東半島を中心に六郷満山と呼ばれる天台宗系の山岳仏教の繁栄が見られた。伝教大師や天台宗には水との関係があまりないものの、本山である比叡山には多くの伝説の水が伝えられている。大野川流域の磨崖仏に湧水が現存するのに対して、県北部の摩

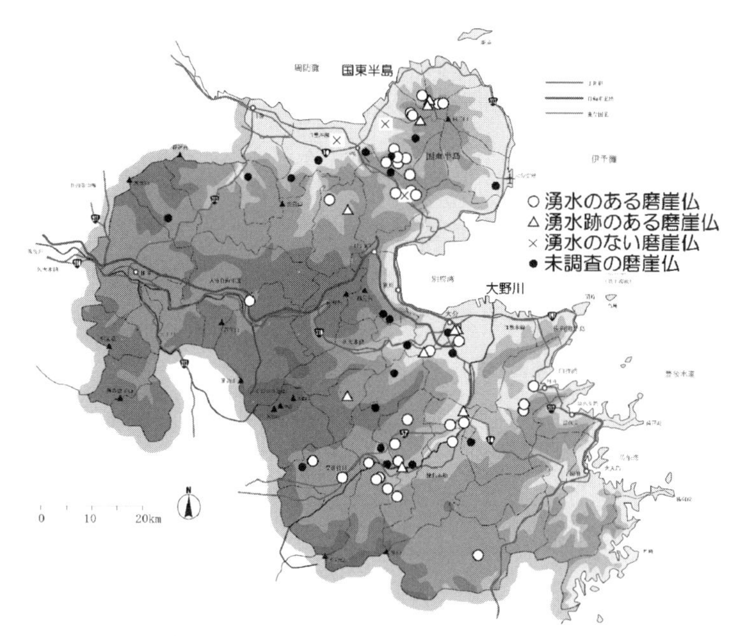


図１　大分県の磨崖仏分布

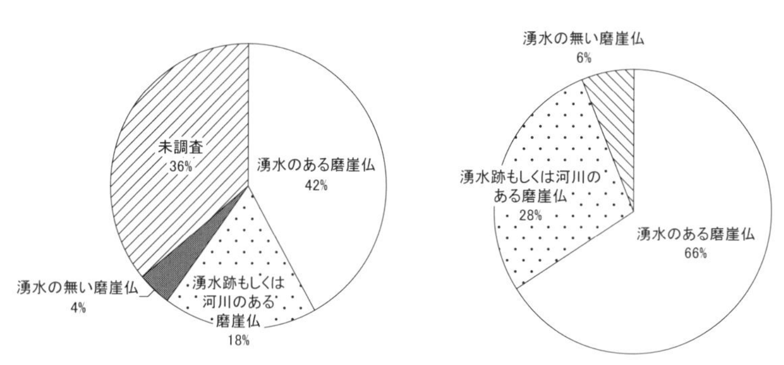


図２　大分県の磨崖仏に湧水が存在する割合
（左：全数対象、右：調査済対象）

写真4　熊野磨崖仏（大分県豊後高田市平野）

写真5　元町磨崖仏（大分県大分市元町）

崖仏の湧水は涸渇している場合が多く、名称が分かるものも少なかった。

②県中部（大分市周辺）

豊後の国府所在地であった大分市を中心とする県中部は、8世紀の国分寺、国分尼寺の建立を皮切りに古くから仏教の浸透が見られた地域である。元町磨崖仏（写真5）、岩屋寺磨崖仏、高瀬磨崖仏はその代表である。元町磨崖仏は当時の面影をよく伝えているものの、岩屋寺磨崖仏は明治維新による廃仏毀釈（はいぶつきしゃく）により、尊像が判別できないほどに破壊されてしまった。現在は失われてしまったが、この付近には「閼伽（あか）井」と呼ばれた井戸が存在していた。また、近くの大友屋敷跡には「千貫井戸」という名水があったが、現在は民家の床下になっている。

③県南部（臼杵～大野川流域）

県南の臼杵および大野川流域も早くから天台宗が普及した地域であり、特に豊後大神（おおが）氏が開発領主として勢力を拡大した11世紀から12世紀は仏教文化が最高潮に達した時期である。この時期に臼杵石仏を始め菅尾（すがお）磨崖仏、普光寺（ふこうじ）磨崖仏（写真6上）、宮迫磨崖仏等県下を代表する多くの磨崖仏が造立されている。この地域の磨崖仏には、密教の影響を強く受け、弘法大師像や般若心経の文字が彫られているものも多い。普光寺磨崖仏は高さ8.3mと、熊野磨崖仏と並んで大分県最大の磨崖仏である。

これらの磨崖仏には、いずれもその足下付近に比較的湧出量の多い水の存在が見られる場合が多く、普光寺磨崖仏の「殿様井戸」(写真6下)、落水(おつるみず)磨崖仏の「落水地蔵堂の霊水」(写真7）等がある。

### 3）湧水の存在しない磨崖仏

これまでの調査の中で全く水の存在が見られなかった磨崖仏が3ヶ所ある。それは、東光寺五百羅漢（宇

写真6　普光寺磨崖仏と殿様井戸（大分県朝地町普光寺）

写真7　落水磨崖仏の霊水（大分県豊後大野市住吉）

写真８　五百羅漢（大分県宇佐市東光寺）

写真９　青宇田画像石（大分県豊後高田市）

佐市、写真８）と青宇田画像石（豊後高田市、写真９）、又井磨崖仏（山香町）である。五百羅漢は小さな石仏の集合であり、明らかにその場所にあった岩石に彫りつけた磨崖仏ではないことが判明した。また、青宇田画像石も１m四方ほどの石版に線刻磨崖仏を描いたもので、移動可能な石仏であることが分かった。又井磨崖仏は実は横穴式墳墓であり、そこに磨崖仏を彫りつけたものであって、純粋な意味での磨崖仏ではない。もともと墓地は比較的乾燥した場所に設置することと、毎日水をお供えする必要もないことから、水の存在が見られないものと考えられる。

## （４）磨崖仏と湧水の謎を考える

### １）磨崖仏に湧水が存在する謎

何故磨崖仏には水があるのだろう。それを考える前に大分県の磨崖仏と石仏について改めて確認しておかなくてはならない。

磨崖仏とは主に自然の懸崖に仏像を彫り込んだものであり、一般的には石を削り出した石仏と同じものとして扱われている。しかし、石仏は移動可能なものだが、磨崖仏はその場所で昔誰かが彫り込んだものであるという、地理的情報が残っているといってよい。これは石仏と大きく異なる点で、石仏は信仰の対象として彫られるものであるが、磨崖仏はその場所に何かしらの潜在的な意味があったからこそ、彫像されたのである。

私がこの磨崖仏と水との関係について注目したのは、磨崖仏が凝灰岩に穿ったものが多いことであった。山路（2004）は、この岩石は水によって風化されやすい特徴を持っているので、文化財保護の観点から見て湧水の存在は好ましくない、と述べている。大分県には典型的な凝灰岩堆積地域である大野川流域に多数の磨崖仏が見られる。そのような地域に未来永劫信仰の対象となるような磨崖仏を彫像すること等、ありえないではないか。しかし、厳然として磨崖仏には必ずといってよいほど湧水の存在がある。これはいったい何を意味しているのであろう。

### 2）磨崖仏と阿蘇溶結凝灰岩

磨崖仏は自然の岩石を素材としているため、その造形が石材からくる材質的制約を受けている（表2）。特に岩質の硬さや、キメの細かさによって掘られる仏像も異なってくる。大分県には、奈良や京都等、関西地方のような硬質の花崗岩製磨崖仏は存在せず、基

表2　石の種類別重量

| 種類 | 重量（t/m³） |
|---|---|
| 花崗岩 | 2.63～3.61 |
| 安山岩 | 2.46～2.88 |
| 砂岩 | 2.02～2.65 |
| 凝灰岩 | 1.99～2.81 |
| 大理石 | 2.52～2.85 |

本的には軟質の凝灰岩を主体としたものが多い。

国東半島を中心とした県北部には、第三紀火山噴出物である安山岩の礫を多く含んだ集塊質の凝灰岩があり、比較的硬い岩石に磨崖仏が造顕されている。熊野磨崖仏のように、造立された時代が古いにもかかわらず比較的像がはっきりと残っているのは、この岩質によるものである。それに対して、元町石仏や臼杵石仏等県中南部に所在する磨崖仏の多くは、阿蘇火山灰の堆積層である溶結凝灰岩の緻密で柔らかい岩肌に刻まれており、もろく割れやすいという欠点がある。

溶結凝灰岩とは、火砕流と呼ばれる火山灰や火山砂・溶岩・水蒸気ガス等を含んだ高温の粉体流が、地形の低いところを埋めるように広がって内部が溶融して岩石化したものを言う。溶結凝灰岩には黒色の火山ガラスがレンズ状に圧延された構造が顕著に見られ、かつては建築石や石橋・石仏等に用いられた。溶結凝灰岩はカルデラ式火山に特有の地質に見られ、九州では阿蘇火山や桜島火山が有名である。

自然地理学的観点から見ると、大分県、特に大野川流域に顕著に分布する溶結凝灰岩は９万年前に噴火した阿蘇山の噴出物が堆積したものである。一般的に溶結凝灰岩は岩石内の空隙が大きく、水が浸透し易いために、非常によい帯水層（水が蓄えられる地層のこと）となって豊富な地下水を供給する。したがって、凝灰岩のある地域には地下水や湧水が豊富に存在することは自明のことであり、事実、大分県の竹田湧水群は有名な湧水地帯である。あまり知られていないものの臼杵市も名水の里として多くの湧水が存在している（河野・長田、1999）。また、凝灰岩は岩石の中では非常に柔らかい岩石に分類され、磨崖仏を造立するにはとても都合の良い岩石となっている（図3）。

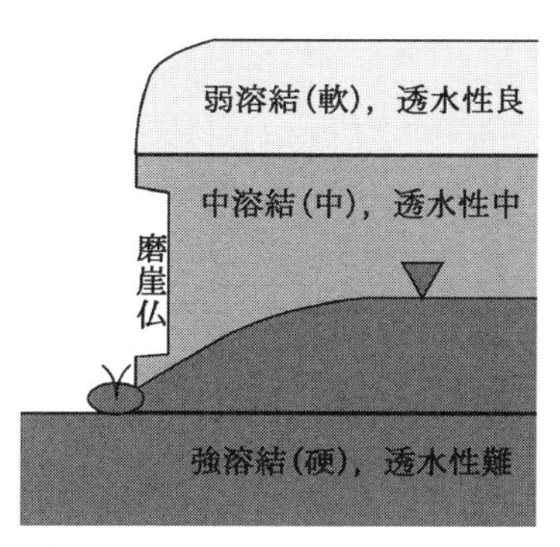


図3　磨崖仏の足元に湧水が存在する地層の断面

### 3）民俗学的な考察

何故、人々は磨崖仏を造ったのだろう。一般的には信仰対象として彫像されたとされているが、私は水に対する感謝の証として磨崖仏が造られたのではないかと考えたい。近江(2003)によると、茨城県の石仏には水神として祀られているものが多く、その中には大分県の磨崖仏に見られる不動明王像や波切不動明王が認められるという。また尾田(2003)も、富山県に見られる水の神様「水天」には不動明王像とよく似た石仏や雨宝童子像が見られることを述べている。

実用的な面からも水の存在は不可欠である。大分県の磨崖仏は、仁聞、日羅、蓮城法師の3人が彫像したと伝えられているが、実際には無名の石工たちが長い年月をかけて彫ったのであろう。その過程で、石工たちは作業の合間に水分を補給しなければならなかった。ただでさえ、岩石を穿つ重労働である。このように作業の合間にとる水を硯水（けんすい）というが、この硯水が近くにあることが磨崖仏造立の第一条件だったのではないだろうか。

また、磨崖仏は仏様であるから、毎日水をお供えしなければならない。この水のことを閼伽水と言うが、先に述べた宇佐の

写真10　閼伽水鉢（大分県宇佐市東光寺）

五百羅漢にさえも閼伽水の水盤がある（写真10）。この閼伽水はどのような水を用いるのであろうか。実は、適当な水を閼伽水として利用しているわけではない。その水質を調べてみると、見た目の透明感が高く、硫酸イオンが多量に含まれていることが分かっている（河野、2002）。恐らく先人たちは閼伽水に適した水質を持っている湧水を経験的に知り、その場所に磨崖仏を造立したと考えられる。

### （5）日本各地の磨崖仏

これまでは大分県内の磨崖仏について述べてきたが、日本各地に分布する磨崖仏には湧水があるのだろうか。まだ九州と京都の幾つかの磨崖仏を調べただけであるが、これまでに訪れた磨崖仏には、必ず湧水が存在していた。九州では、鵜戸神宮の磨崖仏（宮崎県日南市、写真11）、清水寺跡磨崖仏（写真12）や千体仏（熊本県宇土市）、下浜滝の井戸（鹿児島県坊津町、写真13）等、主な磨崖仏を訪れる機会があったが、そのすべてに湧水が見られた。

では海外の状況はどうなのだろうか。中国敦煌の莫高窟近くのベゼクリク千仏堂には「月牙泉」という湧水が存在するし、

写真11　鵜戸神宮（上）とお乳水
（宮崎県日南市）

写真12　清水寺跡磨崖仏（上）と湧水
（鹿児島県鹿児島市）

写真13　下浜滝の井戸（鹿児島県坊津町）　滝の途中に磨崖仏があったが、摩滅して失われた

写真14　キジル千仏洞（中国タクリマカン沙漠）　写真右奥に乙女の涙があると言われている

クチャ郊外のキジル千仏堂（写真14）にも王女にまつわる「乙女の涙」という湧水が存在する。有名なバーミヤンの石仏にもあると面白いのだが、残念ながら確認できなかった。

## （6）磨崖仏と水との不思議な関係

### 1）磨崖仏とアカの謎

神や仏にお供えする水を閼伽水と述べたが、大分の磨崖仏を訪れると表面には朱色の塗料が塗られている場合が多いことに気付く。アカ→朱は水源を原料とした顔料であり、別名トキ色とも呼ばれる鮮やかなオレンジ色である。この原料となる水銀は日本各地で採れるが、水銀と言えば弘法大師が登場する。一説によると弘法大師は中国で修得した水銀探査法により、日本全国の水銀鉱山を探し出し、そこから得られた利益によって寺を建立したと言われている。真言宗の総本山高野山の建築物にも、鮮やかな朱塗りのものが多数見られる。この水銀産地は「丹生」という地名で残されており、松田（2005）によると、大分県にはなんと３ヶ所も「丹生」地名が残っている。

磨崖仏に水が存在すると風化し易くなり、文化財保全の立場からは決して好ましいことではない。大分県の磨崖仏の場合、先人たちはそれを知っていて、大分で採取された水銀から作った朱を塗ることで、風化することを防いだのではないだろうか。多少意味合いが異なるが、エジプトではミイラの防腐剤として水銀を用いていた。

余談だが、高村（1996）によると、閼伽水のアカはもともとラテン語で水を意味する「アグア」であり、argha、uda、udaka 等と言われる。これは古代インドのサンスクリット語（梵語）の「argha」が語源となっている。これが、英語で aqua となり、中国はもともと「shui」であったが、argha が閼伽、阿伽と音訳され、仏教とともに日本に伝来し、水のことを「アカ」と呼ぶようになった。ロシアでは、uda、udaka が転じてお酒のウォッカになったと言われている。日本に伝わったアカは、本来心の汚れを落とすためのアカ（水）であったものが、転じて汚れそのものを垢（あか）と呼ぶようになってしまったのである。

通説では閼伽と aqua は全く別の語源らしいが、磨崖仏にある湧水を調べていると閼伽水＝閼伽＝ aqua ＝アカ（朱）であるという思いを強くするのは私だけであろうか。

## 2）弘法大師と水

磨崖仏は密教との関係が強いが、密教（真言宗）を日本にもたらしたのは言わずと知れた空海、弘法大師である。大野川流域の磨崖仏に必ずしも弘法水があるわけではないが、大分県と磨崖仏と湧水との密接な関係を示す１つの事例であろう。大分県と磨崖仏と水は、なんと不思議な縁で結ばれているのだろう。

大分県に存在する磨崖仏と水についての関係を考察していくと、様々な地理的事象が水を「つなぎ手」として有機的な関連を示すことが明らかとなってきた。弘法大師の教えのように、こうだという結論を出す必要は全くないと思うが、１つの事象から様々な分野へ理解を深めていくことはとても大切であるし、専門化しすぎた現代科学に不足している部分ではないだろうか。

## 参考文献

岩男　順・窪田勝典（1974）：『大分の磨崖仏』，九環，186p.

宇佐見　昇（2001）：『石仏は何を語るか―謎秘める国宝臼杵石仏―』，石仏観光センター，55p.

近江玲子（2003）：茨城県南部の水神塔．日本の石仏，No.107，16-31.

尾田武雄（2003）：水の神さま，仏さま．日本の石仏，No.107，51-56.

小野晃司（1984）：火砕流堆積物とカルデラ．アーバンクボタ，No.22.

河野　忠・長田美智子（1999）：大分県臼杵市の名水―その現状と水文学的特徴―．日本文理大学環境科学研究所報告，No.2，20-29.

河野　忠（2002）：『弘法水の水文科学的研究』，立正大学学位論文，135p.

河野　忠（2003）：「大分の伝説の水を科学する」，『大分学・大分楽』（共著）所収，明石書店，99-113.

清水俊明（1979）：『石仏　庶民信仰のこころ』，講談社現代新書，198p.

高村弘毅（1996）：地球上の水についての思考史．地下水技術，Vol.38，No.2，1-5.

高村弘毅（1998）：オーストラリアの先住民アボリジニが愛用した霊泉“ミネラル冷泉”について．立正大学文学部論叢，No.108，89-99.

千種義人（1988）：『大分の石仏を訪ねて』，朝日新聞社，213p.

西井　稔（2002）：『磨崖仏たちの微笑み　磨崖仏の宝庫大足の石窟（中国・四川省）を訪ねて』，新生出版，62p.

日本石仏教会編（2004）：『石仏探訪必携ハンドブック』，青娥書房，127p.

山路康弘（2004）：『豊後磨崖仏の文化財学的研究―主としてボーリング調査からのアプローチ―』，別府大学学位論文，569p.

庚申懇話会監修（1994）：『石仏を歩く―全国の磨崖仏から道祖神まで―』，JTB キャンブックス，159p.

賀川光夫（1973）：『大分石仏行脚』，木耳社，210p.

賀川光夫編著（1995）：『臼杵石仏―よみがえった磨崖仏―』，吉川弘文館，

176p.
松田壽男（2005）：『古代の朱』，ちくま学芸文庫，277p.
渡辺克己（1979）：『豊後の磨崖仏散歩』，双林社，339p.

# 第4章
# 宗教にまつわる名水と水質

八十蘇場の清水
崇徳上皇や魚の毒が治る伝説があり、弘法水の１つでもある（香川県坂出市西庄町）

写真１　閼伽井（香川県庵治町）

## （1）はじめに

弘法水や日蓮水もその類であるが、日本における宗教と水との関係は非常に深いものがある。弘法大師は密教の中で、加持祈祷の際に加持水を多用したし、仏壇や神棚にお供えする水のことを閼伽（あか）水というが、閼伽水に大切に利用されてきた湧水や井戸水は日本全国に存在する。

弘法大師は、日本各地に寺院を建立しているが、その資金として水銀の採れる地を選んだという。その水銀をもとにして塗料の朱が作られることはよく知られている。また、かつて水銀が採取された地のことは丹生と呼ぶことが多く、現在でも日本各地に丹生地名が散在している。さて、この朱はアカに通じる音であり、その朱によって、寺院の大塔等が着色されていることも事実である。日本の国鳥朱鷺の頭が朱色というのも面白い。

この閼伽水（写真１）の水質を調べてみると、特徴的な傾向を見出すことができる。まず見た目が非常に清澄で、透き通っていることである。また、長期間保存しても非常に腐りにくい特徴を持っている。これはその水に含まれる主要な成分が硫酸イオンに起因しているようで、微生物が繁殖しにくい水質を示している。かつて日本最高の透明度（41.6m）を記録した摩周湖の水も湖底から湧出する温泉水の影響で硫酸イオン濃度が高く、1986年９月２日に観測したデータでは13.2mg/l を記録した。湖沼としてはかなり高い濃度である。先人たちは経験的に神仏に供える水はすぐに腐るようでは困るので、硫酸イオンの

写真２　四天王寺亀井堂（大阪府大阪市東成区）　この中にある亀井で経木流しが行われる

多い清浄な水を選んでいたのであろう。

また、奈良県明日香村の酒船石遺跡の下流側には経木流しに利用したと見られる湧水施設がある。大阪の四天王寺には経木流しの湧水と施設が現在でも使用されている。そもそも経木流しというのは、供養のために死者の名を書いた経木を川や海に流すこと、もしくはその行事のことを言う。大阪四天王寺（写真２）では春秋の彼岸と盂蘭盆会の７月14〜16日に、死者の法名を経木に記し、回向して東僧坊前の亀井の水に流している。

### （２）流れ井戸と祭りの井戸

和歌山県の高野山に参拝する際、昔の人々は紀ノ川沿いに旅をして、高野山へと向かう参詣者が少なくなかった。その人々が、旅すがら、道のわきにある井戸水でのどを潤していた。これらの井戸のことを流れ井戸（写真３）と呼び、万葉の旅人は流れ井戸を訪ねながら旅をしたと言い、かつての高野山の参詣道には無数に存在していたらしい。後述する遍路道や修験道の名水も流れ井戸の一種と言ってよいだろう。

毎年７月に行われる京都の祇園祭では、10日間のみ参拝者に振舞われる水がある。京都市中京区にある「御手洗の井」（写

写真３　流れ井戸の１つ（和歌山県橋本市）

写真４　御手洗の井（京都市中京区）

真4）がそれである。この名水は『都名所図会』にもイラスト付きで描かれているほど有名な名水であるが、普段は鍵がかけられ、蓋がされている。京都市街地の地下水は水位低下が著しく、この井戸水も例外ではないようである。また、祇園祭の御輿を清めるために7月10日と7月28日に行われる神事「神輿洗式」に用いられる「神事用水」は、今でこそ鴨川の水を用いているが、以前は各神輿のある町内の井戸が利用されていた。現在は市街地の井戸がほとんど涸渇しているが、2ヶ所ほどの井戸が参加者の手洗い水として利用されている。

### （3）水神信仰

井戸や湧水には井戸神様等の祠を設けるのが一般的である。水神信仰と言えば、まず第一に弁財天を挙げることができるが、弁財天は河川、湖沼等にも広く見られ、地下水固有の信仰とは言い難い面を持っている。

地下水に関する祭りは、英国などで well dressing と呼ばれ

写真５　師付の田井（茨城県かすみがうら市）

る風習が見られるものの、日本における地下水や井戸には若水汲みは別として、あまり有名な祭りはない。私の知る限り、弘法大師の月命日21日に因んだ「御大師さん」と呼ばれる風習が代表的な祭りであろう。多くの場合、湧水や井戸の周りに盛塩をし、子供たちにお菓子等を振る舞う素朴な祭りである。

茨城県にある「師付の田井」（写真５）と呼ばれる自噴井は、水田の中にある珍しい自噴井である。万葉集にも読み込まれるほど古くから有名な湧水であるが、ここでは赤飯をお供えする風習が残っている。その脇に竹で編んだ供え物もあり、日本各地の神社で観られる茅の輪くぐりのような物ではないかと推察される。また、京都府亀岡市にある出雲大神宮では、年に一度、１月15日の粥占祭に神饌所にある井戸水を用いて粥を炊き上げて吉凶を占う行事がある。これらは水神信仰の一種と考えてよいであろう。

### （４）修験道の名水

日本各地には役行者や仁聞らにまつわる修験の場や、弘法大師の四国八十八ヶ所を代表とする遍路道が存在している。その道沿いには、多数の湧水や井戸水が分布している。これらの名水には多くの伝説が伝えられているが、現在では単なる言い伝えや迷信として残されているに過ぎない。

先人たちは、長期間にわたる修行や遍路の途中で食事や水をとるために、適当な間隔で存在した水を利用したに違いない。現在ではこれらの名水を単純に水場としてとらえているが、その水質を分析すると意外な事実が判明する。

修験道の場である福岡県と大分県の境に位置する英彦山には、山頂直下等に名水がたくさんある（図１）。人物では役行者にまつわる水が多く、不思議な性質を示す「行者堂の香水池」（写真６）、「福の井」等がある。

大分県国東半島にある六郷満山では、その開祖である仁聞や弘法大師にまつわる水と宇佐神宮の八幡神にまつわる水が多く見られる（図２）。行基にまつわる水も若干見られるものの、修験道にある場合よりは少なく、弘法水に取って代わられてしまった行基水が多いと推定される。また、この地域の水質を見てみると（図３）、ごく小規模な湧水で集水域も狭いにもかかわらず、ミネラル分が異常に高い名水が多く見られるのが特徴である。

参考までに、ミネラル分の少ない地域、例えば和歌山県の牟婁地域では、堆積岩地域特有のマグネシウム分の不足からくる風土病（牟婁病）が知られていたが、現在では食生活の改善により、症例は見られなくなった。

写真６　行者堂の香水池（福岡県小石原村）　役行者ゆかりの湧水で、害虫駆除に用いられた

図１　英彦山周辺に分布する名水

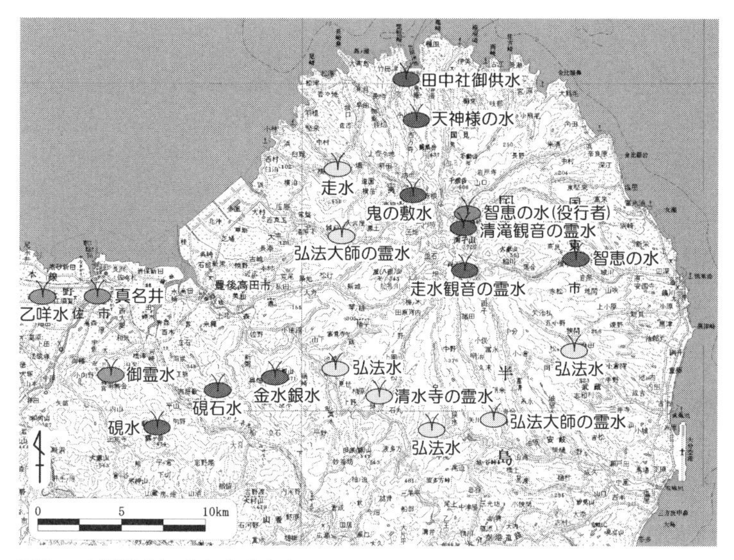


図２　六郷満山に分布する名水

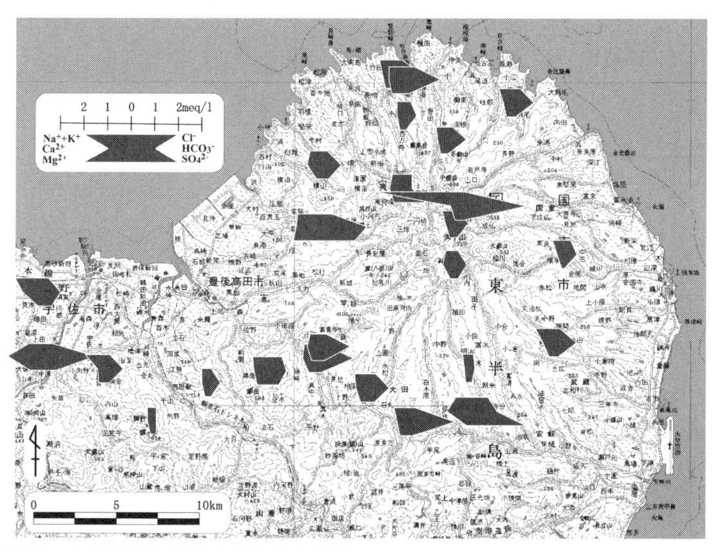


図３　六郷満山に分布する名水の水質

## （5）遍路道と参詣道に存在する名水

同様のことを遍路道についても考えてみる。四国八十八ヶ所霊場を巡る遍路道は古来重要な道として栄えてきたが、何故その場所に遍路道が設定されたのかという検討は行われていない。その１つの試論として、実用的および自然地理学的な観点から遍路道の存在意義を考えた時、お遍路が八十八ヶ所霊場を巡っていく途中で当然必要としたであろう水場から検討した。長距離を歩くお遍路にとってミネラル分の補給は重要であり、遍路道には人々の経験からミネラル分の多い水場が淘汰されたのではないかと考えられる。そこで、遍路道における水場をすべて洗い出して、GISにより空間的な最適化配置を決定し、水場の水質分析から、ミネラル分に富んだ湧水が現在に伝えられたことを明らかにすることを目的とした研究を実施し、四国霊場の分布図（図４）、および名水の分布図を作成した（図５）。

その調査結果から、遍路道上には80ヶ所ほどの名水が分布することが明らかとなり、平均すると15kmに１ヶ所ずつ水場が存在することが分かった。これはお遍路が３−４時間かけて歩く距離に相当し、この程度の間隔でお遍路は水を補給していたことが判明した。この水場間の距離は、当時の人々が水場を必要とする最適化された距離であるとも考えることができる。遍路道の全長は1,400kmと言われており、当時の人々でさえ50日前後かかったというから、１日平均28km移動している。当然その途中で数回は水分を補給する必要があったであろう。ま

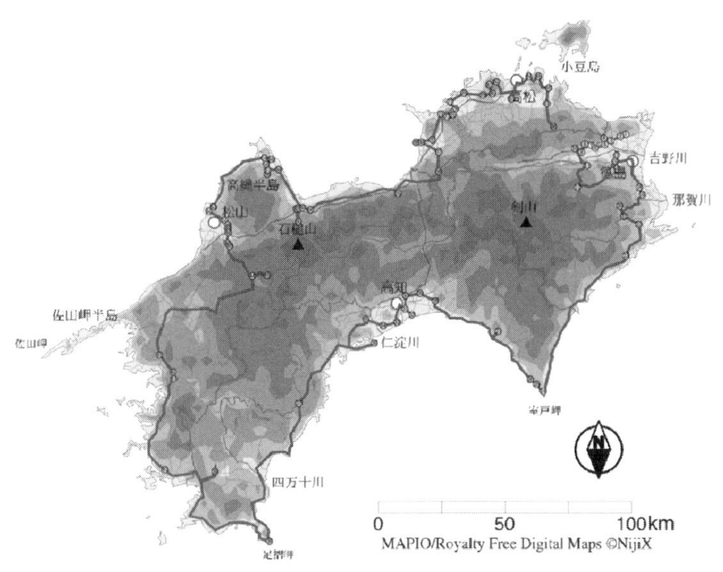


図4　四国遍路道と四国八十八ヶ所霊場の分布

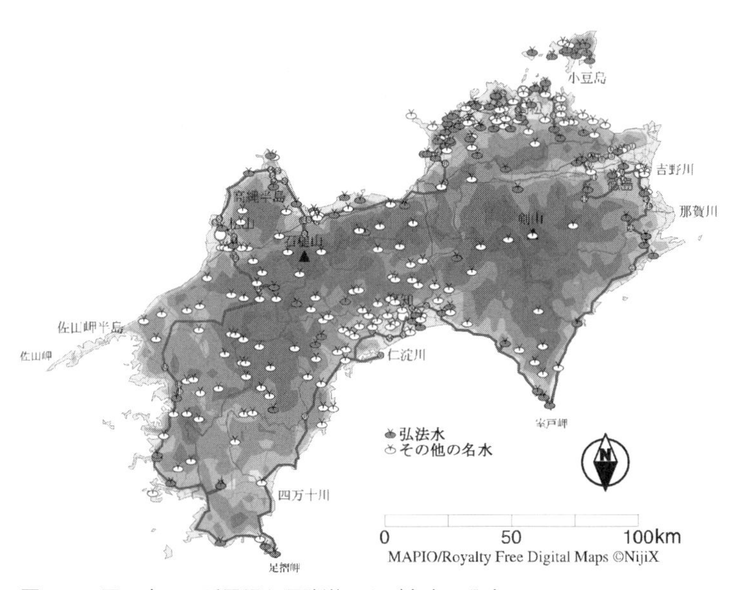


図5　四国八十八ヶ所霊場と遍路道および名水の分布

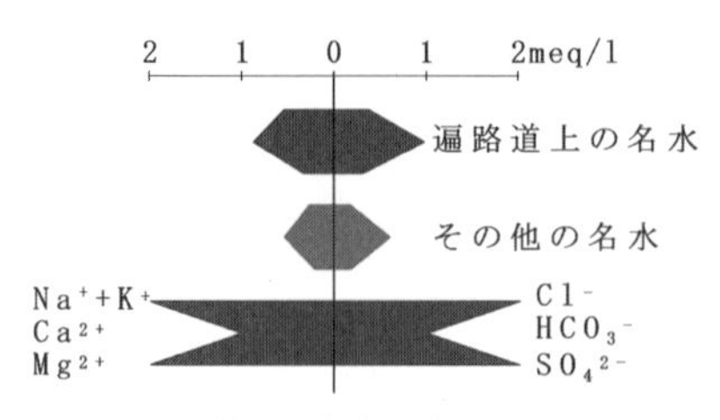

図６　遍路道上の名水の水質

写真７　杖の淵（愛媛県松山市）　遍路道上にある代表的な弘法水

写真８　安徳水（高知県越智町）　遍路のルートからはずれた名水

た、その多くに弘法大師伝説のあることが分かり、水質は遍路道以外の水に比べてミネラル分が高い濃度を示した（図６）。

上記の結果から、先人たちは杖の淵（写真７）のようなミネラル分豊富な水場を遍路道に求め、体調の維持を図ったものと推察することができた。遍路道は、古来多くのルートが存在していたらしいが、ミネラル分が少ない安徳水のような水場（写真８）が多く、体調維持の難しいルートは自然に淘汰されて消滅したのではないかと考えている。

また、他の参詣道として、『成田名所図会』、『善光寺参詣名所図会』、『金比羅参詣名所図会』を対象として、当時の人々が参詣途中でどの程度の間隔で水を補給する必要があったかを検討した。その距離は、おおよそ5km 前後であった。もちろん、その都度水を補給したわけではないであろうが、逆の観点から見ると、その間隔で水が存在しない参詣道は廃れてしまうとも言えるだろう。

修験道と遍路道に存在する名水は、大切な水場として機能している。しかし、弘法水の例から見て、これらの名水は、先人たちが長期間にわたる修業と遍路から体調を維持するために、道途中にあるミネラル分を多く含んだ水を経験的に把握し、後世に伝えた結果、淘汰され残ったものではないだろうか。修験道が火山に多く見られるのは、ミネラル豊富な水が多い地域にあるためで、四国遍路道は堆積岩地域にあり、山中の水はミネラル分に乏しいため、山麓や海岸付近のミネラル分の多い湧水を巡るルートが設定されたと考えられる。

また、害虫駆除や眼病等に効能を伝えられる水は特殊な水質を示すことから、役行者や弘法大師らの神秘的な人物像と摺り合わされて現代に伝えられたのであろう。極論を言えば、遍路道とは弘法水を巡る道であったのだろう。

それに対して、修験の場としての英彦山や六郷満山、富士山等は山頂や山麓に無数の湧水が存在し、山の神秘性と合わせて修験の場としての条件が整っていたと考えることができよう。

### 参考文献


大野正嘉（2007）『これがほんまの四国遍路』講談社現代新書，208p.

加賀山耕一（2003）:『お遍路入門・人生ころもがえの旅』，ちくま新書，238p.

串間　洋（2003）:『四国遍路のはじめ方』，明日香出版社，230p.

河野　忠（2003）：「大分の伝説の水を科学する」，辻野　功編：『大分学・大分楽』，明石書店，223p.
河野　忠（2002）：高知県の名水．地下水学会誌，Vol.44，No.4，325-335.
河野　忠（2002）：『弘法水の水文科学的研究』，立正大学学位論文，135p.
長田攻一（2003）：「道の空間構成における水の文化の重層性に関する研究」，平成13-14年度科研費報告書（基盤研究（C）（2）），215p.
河野　忠（2003）：福岡県の名水―伝説に彩られた北部の名水―．地下水学会誌，Vol.45，No.4，469-478.
河野　忠（2006）：伝説伝承のある湧水と水文化．生活と環境，Vol.51，No.4，50-55.
佐藤 久光（2006）：『遍路と巡礼の民俗』，人文書院，310p.
森　正人（2005）：『四国遍路の近現代―「モダン遍路」から「癒しの旅」まで』，創元社，304p.
作者不詳（1800頃）：『四国遍礼名所図会』，「伊予史談会編（1981）：『四国遍路記集』愛知県教科図書，325p.」所収.

# 第5章
# 江戸時代に描かれた名水

了海上人の産湯井戸
東海道名所図会に挿絵があり、「大井」地名発祥の地でもある（東京都品川区大井）

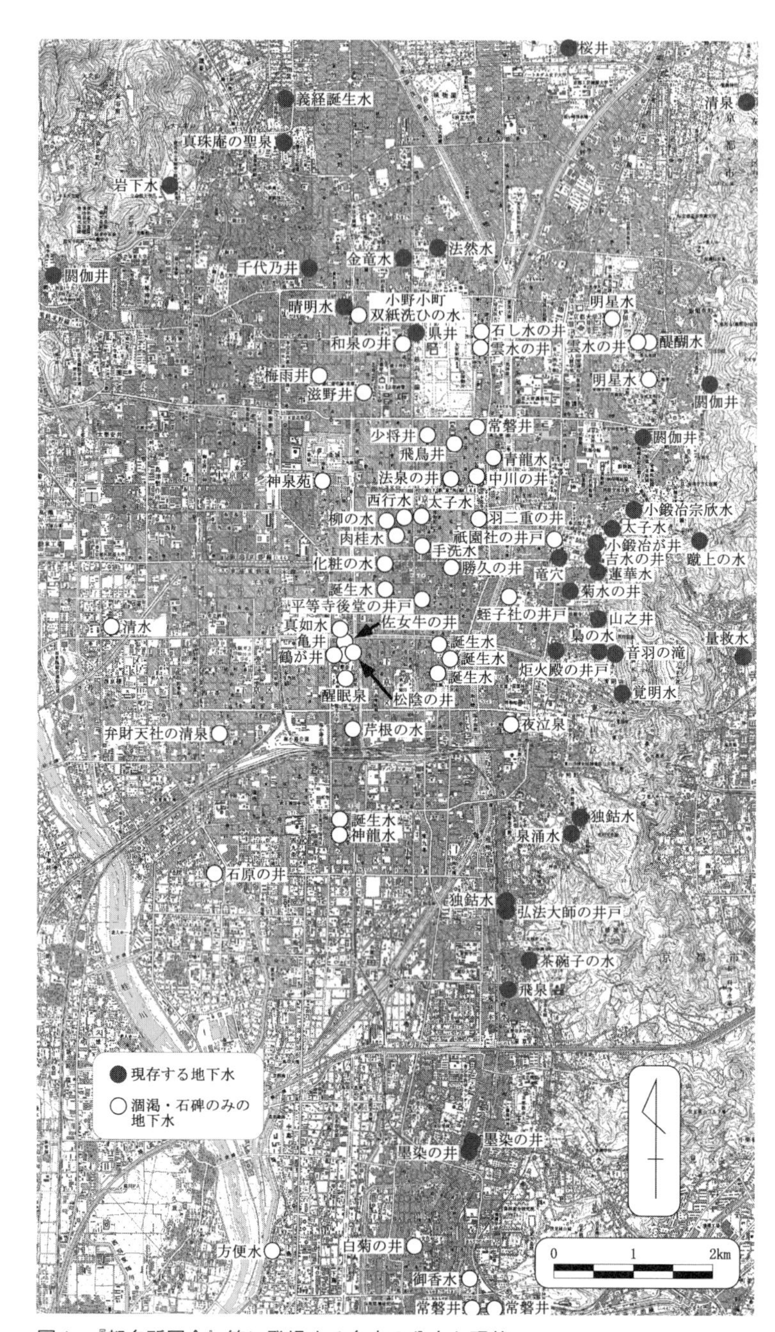


図１　『都名所図会』等に登場する名水の分布と現状

## （1）はじめに

環境の変遷を明らかにするためには、これまで花粉やアイスコア、湖底堆積物、年輪等、様々な手法が用いられてきた。しかし、適用できる範囲が限定されることが多く、環境の変遷を把握することは容易ではない。過去を復元するためには様々な情報が必要である。江戸時代の図会や絵画を見ていると思いがけず湧水や井戸が描かれていることがある。このような資料の古環境復元への最大の貢献は、場所の特定ができる可能性があること、土地利用の変遷を把握することができることであろう。また、河道の変遷等当時の様々な状況を把握することができる可能性を秘めている。本章では、図会等の歴史的資料を用いた、主に江戸時代における環境史を明らかにする試みを取り上げる。

## （2）京都の名水

### 1）都名所図会で見る京都の名水

日本で最初に発行された名所図会は『都名所図会』安永９年（1780）であるとされている。この図会には多くの図版とともに、京都各所に存在していた湧水や井戸、池や滝等が記述されている。それらをすべて抜き出すと180ヶ所ほどが確認できる。筆者らは、更に多くの情報を求めるために、江戸時代の京都を対象として出版された名所図会等をすべて見直して、京都市街地における名水の分布図を作成した（河野、2012）。主に使用した資料は「京都叢書」として知られる全25巻の書物であるが、それ以外で特に役立った資料は、井上頼寿の『京都民俗志』(1968) である。図絵ではないものの、その記述は詳細で位置情報も豊富かつ正確である。

この位置情報をもとに現代の地図にその位置をプロットしていくと、当時の湧水や井戸の空間的配置が判明すると同時に、当時のおおよその地下水位を推定することができる。筆者らは６年ほどをかけて京都市内を探し回り、ほぼすべての名水の分布と現状を把握した（図１）。

その結果、『都名所図会』に登場する名水の分布は主に京都市街地に集中しているが、北は鞍馬山以北、南は奈良との県境にまで及んでいる。ほとんどの名水でその場所は特定できるものの、市街地中央部から南西部には正確な場所が不明な名水が少なくないことが明らかとなった。また、この地域の名水は石碑のみのものや、新しく掘られたものが少なくないことが分かった。

京都は遺構や文化財が大切にされる地域であり、他地域と比較して保全活動が当然のように行われている現状がある。しかし、地下水位について見てみると、市街地各所に現在でも井戸や湧水が存在しているものの、井戸の多くは涸渇により新たに掘り直したものが多く、最大で100m の水位低下を示した井戸が存在することが判明した。江戸時代の地下水位は、図会の様子から地表面下１−５m 程度と考えられるので、当時の地形面の正確な復元が必要であるものの、平均しておよそ20m 程度の地下水位低下が京都市街地で見られることが推定された。特に、都市化や地下鉄開業等の影響もあって、鴨川以西、地下鉄東西線以南の地域に存在する井戸はほぼ涸渇状態となっている。

酒造メーカーの集中する伏見や宇治でも同様で、ほとんどの井戸は新たに再掘削したものであり、宇治の七名水と言われた湧水群は、宇治上神社の「桐原水」のみが細々と湧出を見る程度である。東山や京都市街地以外の名水は、比較的当時の状態を保っていると考えられ、水質汚染もほとんど見られない。それに対して市街地にある名水は、西陣の名水や伏見御香宮神社の「御香水」で、硝酸イオンが各々27.6mg/l、17.5mg/l検出された。

『都名所図会』を用いた古環境復元により、近年の都市化や地下鉄開業による地下水環境への影響が名水の存在に大きな影を落としていることが判明した。その一方で、現存する多くの名水は、様々な伝説伝承を語り継ぎ、京都の水文化を物語る重要な文化財となっていることも明らかとなった。

### 2）『都名水視競相撲』に見る都人の名水への意識と洛中洛外図との関係

『都名所図会』研究の際、『都名水視競相撲』（図2）という興味深い資料を見出すことができた。これは、いわゆる相撲番付風に格付けした形で、名水（湧水、井戸、池、滝等を含む）の景観を、江戸時代の京都人の観点で番付表にしたものである。当時の人々の名水への視点が分かるという意味で非常に興味深いものであり、京都の市街地を西北、東南に分け、各6段にわたり、全部で200ヶ所ほどの名水を番付している。上位はス

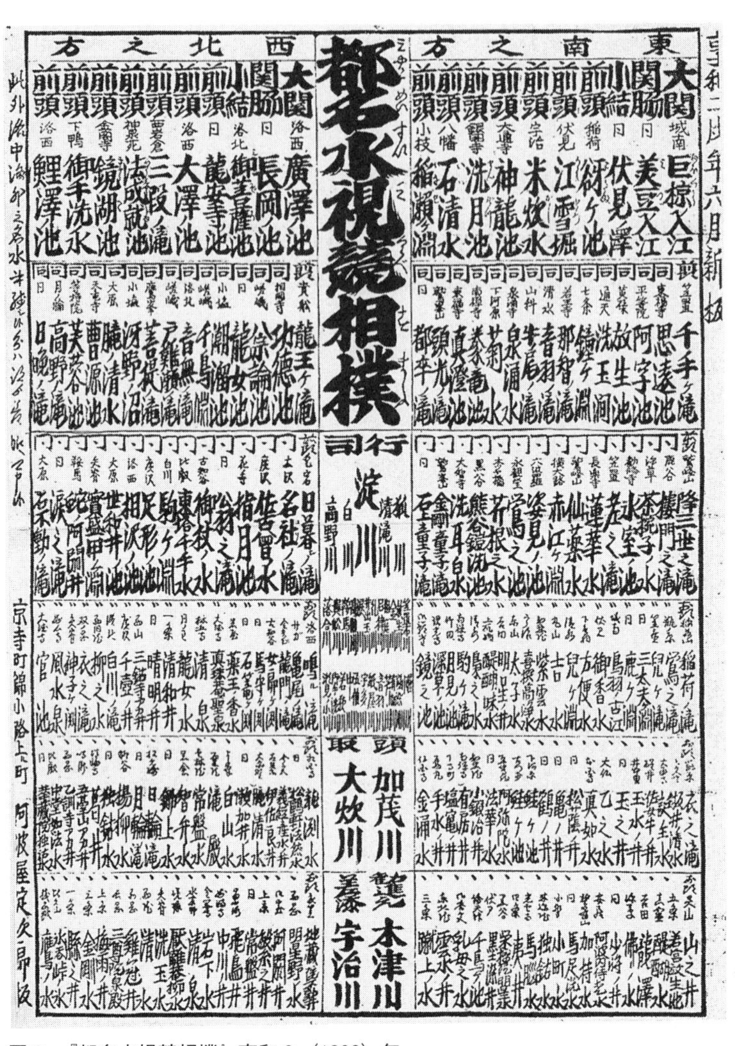


図２　『都名水視競相撲』享和２（1802）年

出典：林屋辰三郎・森谷尅久『江戸時代図誌』第２巻，京都二，筑摩書房，p.13

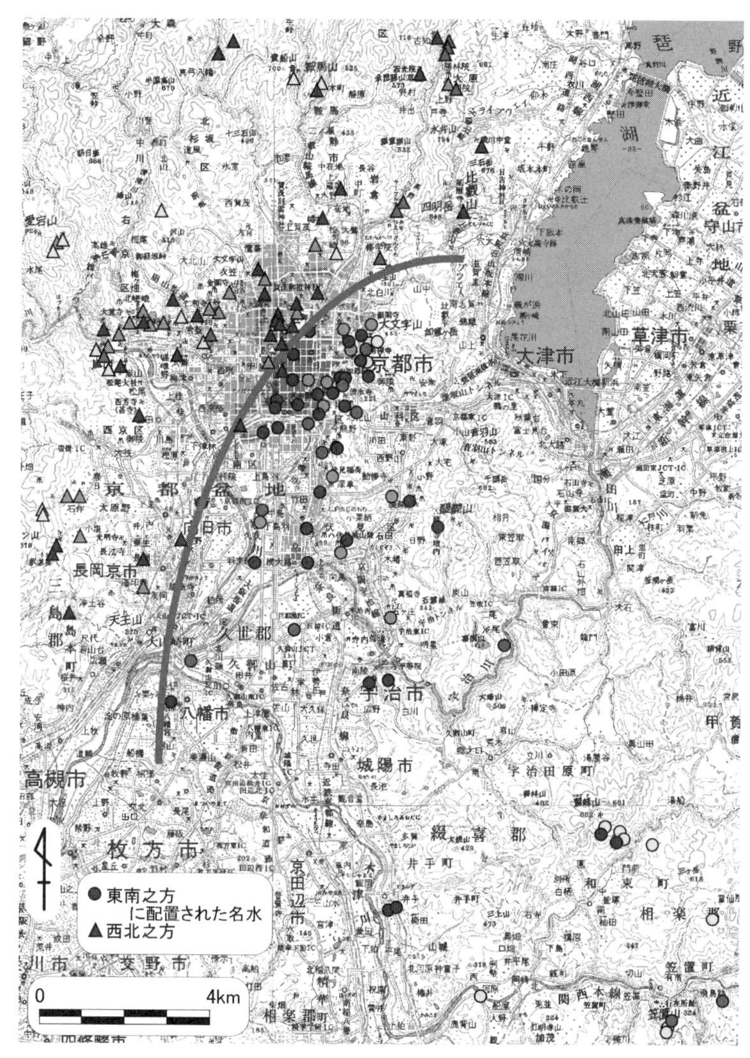


図３　『都名水視競相撲』に見る名水の分布と洛中洛外の境界線

ケールの大きな滝や池が占め、下位になるほど井戸や湧水が多くなっている。あくまでも水環境を景観として見た番付と考えてよいだろう。

ところで、この番付表の各名水を地図上にプロットすると面白いことが判明した。図３に示すように、きれいに京都市街地を分断する曲線を描くことができるのである。この番付表が作成されたのは、享和２年（1802）であるが、当時の人々は京都市街地をこのラインで分けていたと考えることができる。もうお気付きの方もいるだろうが、実はこのラインは、洛中洛外図の左隻（洛外）、右隻（洛中）に相当するように見えるのである。

『洛中洛外図屏風』は室町時代から江戸時代にかけて描かれた風俗画であり、京都の四季の御所や武家屋敷、祇園会等の行事を市街地（洛中）と郊外（洛外）に分けて、ある地点から俯瞰して描いている。『洛中洛外図屏風』に描かれた左隻、右隻の地域区分については、特に異論のないところであるが、その描画視点については諸説存在する。一説によると、相国寺にあった現存しない七重の塔からの俯瞰である、と言われている（石田、1962）。そこで、『都名水視競相撲』の地域区分に相国寺を重ね合わせると、見事にその境界線上に位置することが判明した。『都名水視競相撲』の地域区分は、『洛中洛外図屏風』に準じており、当時の京都人がこの境界線を境に、京都の地域区分や景観を認識していたと考えられる。逆に言えば、江戸時代におけるより詳細な地域区分を『都名水視競相撲』が表していると言えよう。

＊本節は、平成21-23年度科研費補助金（基盤研究C）「『名所図会』を用いた京都盆地における水環境の復元」（研究代表者：河野 忠）の一部を使用した。

### 3）京都の弘法水

弘法大師伝説の水「弘法水」とは、「日本全国を巡錫の折り、喉が乾いた大師がある村で老婆に水を所望する。家に水がなかったので、老婆は遠方から水を汲んできて快く水を提供した。大師は水に不自由なこの土地に同情し、御礼に杖で地を突いて清水を出した」という話である。本来、この伝説は水の大切さを訴えた勧善懲悪の話であり、北海道と沖縄を除く日本各地に、約1,500ヶ所、京都には40ヶ所近くの弘法水伝説が存在する（図4）。伝説の真偽はさておき、これらの水の多くは京都においても現存する。石像寺の「弘法加持井」、今熊野観音の「五智水」、泉涌寺来迎院の「独鈷水」、東寺の「閼伽井」、法輪寺の「落星井」等が主なものであるが、市街地の弘法水は残念ながら涸渇している（写真1）。

各地の弘法水には異常な水質（塩水井戸、白濁した水等）や病気に効能の伝えられる水が多いものの、京都では特殊な例はほとんど見られず、地域の特徴を反映して閼伽水や長寿の水として利用された例が多くなっている。

写真1　威徳水（京都市中京区西の京下立売通り西大路の西）涸渇してしまった弘法水

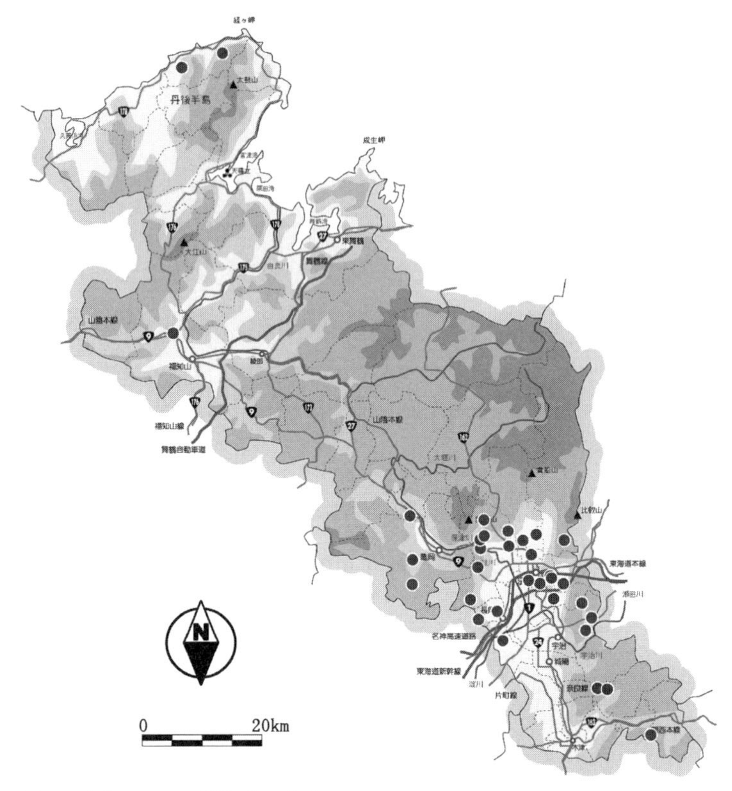


図４　京都における弘法水の分布

## （３）江戸の名水

### １）はじめに

東京の現在の地下水環境は多くの研究によってその現状が明らかになっている。しかし、明治あるいはそれ以前の地下水環境は、知る手立てがあまりないために、今まではほとんど手つかずの状態であった。江戸時代における古地下水環境を復元することは、東京の過去から現在への地下水環境の変遷を知る上で非常に有益なものと考えられる。そこで、江戸時代の地下水環境を復元する手始めとして、京都で用いた手法によって、江戸時代に存在していた湧水、井戸、池等の記述を探し出し、その現状を明らかにしてみよう。そのすべてを探し出すにはまだまだ多くの時間と労力が必要となるが、東京における地下水環境の変遷という現在の環境を考える上での貴重な情報になりうると考えられる。

### 2）江戸における名水の復元とその現状

東京における古水文環境を復元するために、『江戸名所図会』、『東海道名所図会』、『御府内備考』等から、湧水や井戸の情報を見出し、それをプロットしたものが図5である。当初、それほど多くの水体が存在するとは思っていなかったが、東京23区内だけで200ヶ所以上も存在することが判明した。しかし、石碑や板碑のみが存在するものや、跡形もなく消え去ってしまったものもかなりの数に上る。

例えば、『御府内備考』［蘆田編］（1970）の「御曲輪内」には、「亀井」、「姫か井」、「柳の井」、「封の井」、「桜か井」、「柳井」、「三ツ辻の井」、「亀の井」、「門跡の井」、「山伏井戸」、「譲りの井」、「姥か井」、「恵比寿の井」、といった江戸の名水が記載されている。これらを現地調査で確認してみたが、現存するのは「桜か井」のみで、それも移築されたものであった。地下水は涸渇しているので、実質的にすべての名水が消滅している。都市化や地下水位の減少にその消滅の理由を求めることができる

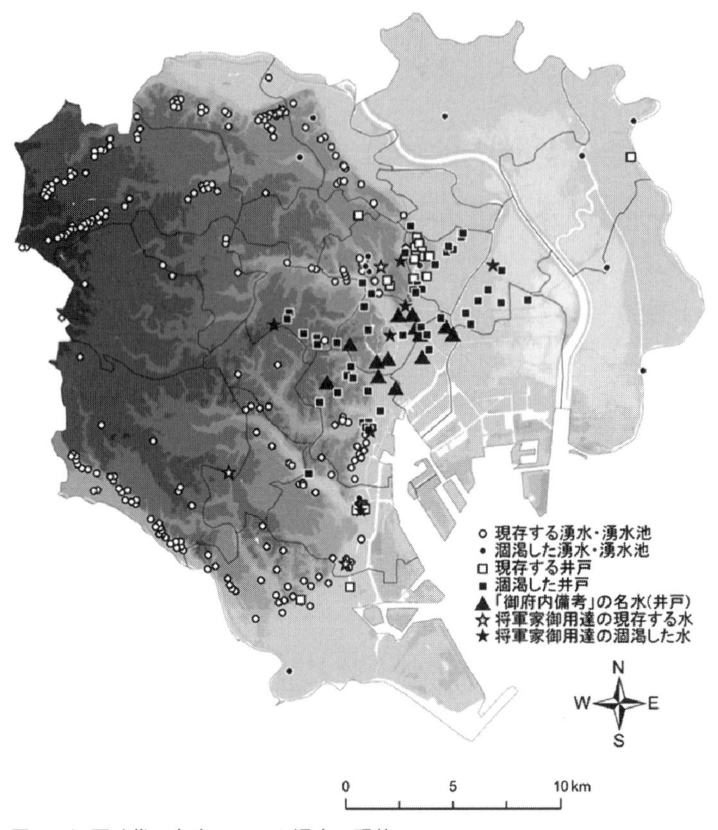


図５　江戸時代に存在していた湧水の現状

ものの、明治になって幕府に関係する遺構が破壊されたという見方もあるだろう。

また『江戸名所図会』［今井編］(1975) には「主水の井」、「柳の井」(後述の善福寺とは別の井戸)、「桜が井」、「中ノ郷さらしの井」等の井戸の記述がある。しかし、『江戸名所図会』を詳細に見ると、更に幾つかの名水が散見できる。例えば、麻布善福寺参道にある「柳の井」(写真２) は、図会のイラスト

写真２　柳の井（東京都港区善福寺参道）

写真３　了解上人産湯井戸（東京都品川区）

に小さく描かれており、現在も全く同じ場所で湧出が見られる。また、麻布七不思議の１つに挙げられる「ガマ池」も見学が不可能であるものの、「柳の井」近くのマンションの中庭に現存している。また、『東海道名所図会』には、大井の地名由来となった「了解上人産湯井戸」（写真３）が描かれている。次に、江戸らしい名水を幾つか紹介する。

①徳川将軍家の名水

　将軍家にまつわる名水は現在判明しているだけで９ヶ所あるが、地域的および利用法から大きく２つに分類することができる。１つは将軍家御用達の茶の湯水で、江戸城近くに分布している。しかし、現存している茶の湯水はごく一部で、ほとんど消滅しているのが現状である。一方、歴代将軍が郊外へ鷹狩りに行き休憩の寺等で利用したと考えられる湧水・井戸は、江戸西部の郊外に現存しているものが多い。

写真４　吉良上野介首洗いの井戸（東京都墨田区吉良邸跡）

写真５　お玉が池（東京都中央区）

写真６　樋口一葉の井戸（東京都文京区）

②首洗いの井戸

江戸時代から知られている湧水・井戸水に首洗いの井戸がある。古くは平将門の首洗いの池が現在の大手町首塚前に存在していたらしいが、現在その所在は不明となっている。現存している井戸としては、荒川区浄閑寺にある「本庄兄弟首洗いの井戸」や「吉良上野介の首洗いの井戸」（写真４）が泉岳寺と両国の吉良邸跡に残されている。

③その他

江戸には近郊も含め「お玉が池」（写真５）が３ヶ所伝えられているが、歴史上の人物に関する湧水や井戸では、弘法大師や役行者、源頼朝、弁慶等が知られている。しかし、そのほとんどは何ら痕跡が残されておらず、場所が不明となっているのが現実である。平安時代の武将で、源頼光の四天王の一人と言われた「渡辺綱の産湯井戸」

が港区三田に3ヶ所も残されている。今となってはどれが本当のものなのかは知るすべがないが、平安時代の人物で、江戸に産湯井戸が残されているという意味では貴重なものである。また、明治期になるものの樋口一葉の家の前にあった井戸（写真6）が現存しており、地下水を汲み上げることもできるため、付近の住民の雑用水として利用されている。

### 3）江戸時代と平成12年との地下水環境の比較

東京都が平成12年度に作成した湧水マップを見ると、江戸時代に存在した湧水や井戸水がほとんど涸渇していることが分かる。この事実から推測して、東京の地下水は、水平距離にして5 km 前後、標高に換算して5 m 程度、後退したことになる。今回水質の詳細については控えるものの、現存している湧水・井戸水はそれほど硝酸イオンが検出されていない。以前の東京の地下水は上水道や下水道の漏水がかなり大きな涵養源であったが、田畑の面積が減少したことと漏水の修復がかなり進んだ結果、硝酸イオンの発生源が減少したものと考えられる。

『江戸名所図会』等に記載されている井戸や湧水は、以前と変わらず残っているもの、涸渇したものの史跡として形だけでも残っているもの、都市化等によって消失してしまったもの、様々であった。湧出の有り無しに関わらず、現存しているものは、水環境の変遷を知る上で、是非とも保全していただきたいものである。

### 4）江戸時代における井戸の種類

最後に今後同様の研究を行う研究者のために、江戸で使用された「井戸」という言葉について確認しておきたい。栗田（1997）によると、江戸時代の町の井戸には、「上水井戸」、「掘り抜き井戸」、「中水の井戸」の3種類あったとされている。「上水井戸」とは、神田用水や玉川用水を各家庭の木製の樋で導き、井戸状の縦穴からその水を汲み上げるもので、水文学・地下水学的な井戸とは異なるものであり、古文献で述べられている記述には注意する必要がある。「掘り抜き井戸」はいわゆる地下水を汲み上げる井戸のことである。江戸時代後期には一般的なものであったが、当初掘削費用が200両もかかったことから、大名や裕福な商家でしか掘ることができなかったようである。「中水の井戸」とは、あまり深く掘らずにしみ出した水を溜めた井戸で、もっぱら雑用水として用いられた。また、「火の用心井戸」といったものもあり、これは火消し専用に用いられた「上水井戸」のことである。

## （4）大分県日出町『図跡考』に登場する名水と国東半島の名水

大分県北部に、江戸時代に書かれた資料通りに湧水が分布する鹿鳴越（かなごえ）山群という地域がある。本節では、国東半島の湧水群をその比較対象として実施した水文学的研究を紹介する。

大分県北東部に位置する国東半島は、両子山を中心とした第三紀火山とされている火山体である。当然湧水は非常に少なく、その湧出量も小さい。しかし、国東半島の湧水は御神水として古来大事にされてきた、名水としての経緯がある。それに対して、国東半島の南西部に接する鹿鳴越山群は第四紀の小規模な火山であるにもかかわらず、非常に多くの湧水が見られる地域である。ところが、鹿鳴越山群の湧水はごく一部の地元の人が知るのみである。このように、国東半島と鹿鳴越山群とでは、第三紀と第四紀火山としての湧水の存在や利用形態は非常に異なっている。

### 1）鹿鳴越山群の概要

図6に鹿鳴越山群の概略と湧水の分布を示す。国東半島は、東西30km、南北39kmの長円型の半島で、桂川・安岐川地溝帯で九州本体と接続している。北部は沈水海岸線、南部は隆起海岸線の景観を示している。国東半島は、両子山を中心とした非常に大きな火山である。しかし、第三紀火山であるがため浸食が進み、非常に開析の進んだ火山体となっている。森山他(1983)によると、国東半島の大部分は新第三紀火山噴出物の輝石安山岩質凝灰角礫岩を主とする成層集塊岩から成っている。また、これを基盤に両子山や文殊山のごく一部に第四紀に噴出した角閃安山岩が載っている。また、国東半島は年間1,500mm前後の降水量で、大分県内では最も小雨の地域であり、東岸は太平洋側の気候で西岸は日本海側の気候を示す。また、夏季に10日以上続く無降水日が、年1回の割合で生じる地域である。

鹿鳴越山群は、東西10km、南北8kmの輝石安山岩から成

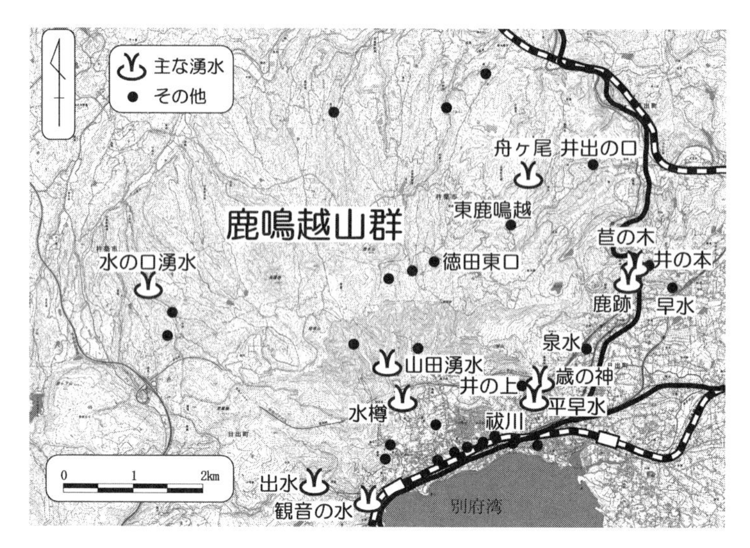


図６　鹿鳴越山群の湧水分布

る第四紀火山で、標高612m の経塚山を主峰として、鳥屋岳や唐木山といった標高約600m の山々が東西方向に連なっている。国東半島とは、安芸川地溝帯によって接続し、北西は八坂川と三川を境界として別府の鶴見岳火山群と接している。地質は、ほとんど第四紀の輝石安山岩から成っており、北麓の一部を安山岩質凝灰角礫岩が覆っている。鹿鳴越山群の南東麓にある日出町暘谷（ようこく）城沖には鹿鳴越を涵養源とする海底湧水が存在し、この湧水が大分県名産の「城下カレイ」の味を引き立てていると言われている。

### 2）鹿鳴越山群の名水と図跡考

鹿鳴越山群の名水は、昔から生活用水として当然のように存在していた関係から、その湧出点さえも住民には知られていない。幾つかの名水を除くと、その多くが「出水（でみ）」と総称され、固有の名称では呼ばれていない。当然、今回紹介する名水として由来、伝説等はほとんど知られていない。しかし、日出町が出版した『日出町誌資料編』（1986）に、寛政９年（1797）二宮兼善により著された当時の地理書『図跡考』が再録されており、そこに鹿鳴越山群の湧水に関する記述が見られる。郷土史研究家の田川氏（故人）は、この『図跡考』の記述を頼りに、長年の歳月を掛けて忘れ去られた鹿鳴越山群の名水を探し出した。今回は、その中から現在でも生活用水や農業用水として積極的に利用されている湧水を名水として選出した。鹿鳴越山群には大小合わせて80近くの湧水が存在している。

「山田湧水」（写真７）は鹿鳴越山群の山腹にあり、山麓緩斜面との境界地点に位置する鹿鳴越南斜面第一の湧水である。この湧水は、下流３部落の飲料水、生活用水、農業用水源として昔から利用され続け、現在でも変わらぬたたずまいを見せている。水の口湧水に次ぐ、鹿鳴越第二の名水として知られ、1994年の渇水以来、県外からも水汲みに来る姿が見られるようになった。また、流下途中で、刻限水（別名：時水）という取水に時間制限の設けられた利用形態が存在する。

「歳の神湧水」（写真８）は、扇状地堆積物との境界地点に湧出する。周辺集落の、飲料水や農業用水として利用されている。

写真７　山田湧水（大分県日出町）

写真８　歳の神湧水（大分県日出町）

写真９　平早水（大分県日出町）

写真10　鹿跡湧水（大分県日出町）

写真11　苣の木湧水（大分県日出町）

昔は紙漉き水としても利用されていた。

「平早水（ひらそうず）」（写真９）は、その名の通り扇状地の扇央付近に突然現れる湧水である。現在では、区画整理により周囲をコンクリートに囲まれ昔の面影は微塵もないが、現在でも涸渇することなく滾々と湧出し、重要な灌漑用水源となっている。

「鹿跡（とぎり）湧水」（写真10）は、妙見の森と呼ばれる谷地田の最上流部から湧出する湧水である。湧出点での湧出量は約0.7ℓ/秒であるが、周辺から大量の滲出が見られ、合計すると４ℓ/秒になる。また、すぐ近くに「苣（ちしゃ）の木湧水」（写真11）があり、両者の水を合わせて灌漑用水として利用されている。

「出水（いづるみず）湧水」（写真12）は鹿鳴越山群の中で湧出量の最も多い湧水である。湧出点のすぐ下ではエノハ（ヤマメのこと）の養殖が行われている。また日出町の水道水源として、日量約10,000トンを取水している。

「水の口湧水」（写真13）は鹿鳴越第一の名水で、国東半島の清水寺の霊水とともに豊の国名水に選出された湧水である。湧出量は日量約3,000～5,000トンで、八坂川の源流となっている。天明４年（1784）大旱魃が生じた時、山野の草木は枯死状態となったが、鳥屋岳より水の口湧水に至る地中泉上の草木は緑を保ち、一条の草木で道を連ねたと言われている。付近の住民は毎年７月16日になると常提（うなで）水神社（水の口水神社）に参拝し、盛大に水祭りを行っている。

写真12　出水湧水（大分県日出町）

写真13　水の口湧水（大分県杵築市山香町）

### 3）水文化学的特徴

①湧出形態と湧出量

国東半島の湧水は両子山を南北に通る軸線上に集中する傾向が認められる（河野、1995）。半島北部の田中社湧水、許波田社極水周辺地域には、急傾斜の斜面に沿って小さな湧水が点在し、地域の人々の生活用水として利用されている。国東半島の湧水は、幾つかのタイプに分類される。基本的には第三紀噴出物の中を流動する局地的な涵養湧出機構を持つ湧水と考えられるが、半島北部の田中社湧水とランプ屋湧水では、浅層地下水が地下水面を切る形で沖積平地から湧出するタイプの湧水である。雲崎井戸は山地と平地の境界点に位置し、井戸底まで８ｍあるため、自噴井戸のような湧水である。また、第三紀層の基盤と第四紀火山噴出物との境界付近から湧出するタイプは、清滝観音の湧水と走水観音の霊水である。タタラ迫水飲場と許波田社極水、迫田湧水等は、谷頭湧水に分類される。弁分一鍬の霊水は谷が形成した崖線から湧出する。清水寺の霊水は、ごく低い丘陵地と沖積平地との崖線から湧出するが、その地形的集水域面積はごく小さい。しかし、古来湧出量の変化しない湧水と言われ、1994年の渇水にも涸渇することはなかった。清滝観音湧水と走水観音の霊水および弘法大師の霊水は、岩盤の割れ目から湧出する裂か水の形態を示す湧水である。

国東半島はもともと水の乏しい地域として知られているが、それは湧出量にも反映されて、どの湧水の湧出量も非常に少ないことが特徴である。最も多い湧出量を示すタタラ迫水飲場の湧水でさえ、2.6 ℓ/秒にすぎない。国東半島は大きな目で見れば第三紀の火山であるが、火山としての大きな地下水流動による湧出形態は見られず、ごく小規模で局地的な湧水のみが存在する。

鹿鳴越山群は第四紀火山噴出物によって覆われた火山であり、他の火山の例に漏れず多くの湧水が存在する。特に南麓はその数も湧出量も多く、北麓には水の口湧水以外に、目立った湧水はない。また、標高によって湧水の集中する傾向があり、南麓の標高50m 付近の一直線に並んだ湧水帯が特徴的である。また、比較的標高の高い地域に分布する湧水の湧出量が高く、海岸付近に大きな湧水が見られない傾向がある（図７）。これは、鹿鳴越山群を東西に走る断層が、平行に数本あることが知られており、これが本来の火山湧水群の特徴とは異なる傾向を表す原因と考えられる。実際にほとんどの湧水は傾斜変換点に存在し、水の口湧水と出水は谷頭近くの斜面から湧出し、崖線湧水タイプに分類される。国東半島の湧水とは対照的に、10 ℓ/秒以上の湧出量を示す湧水が５つもあり、大分県における代表的な水

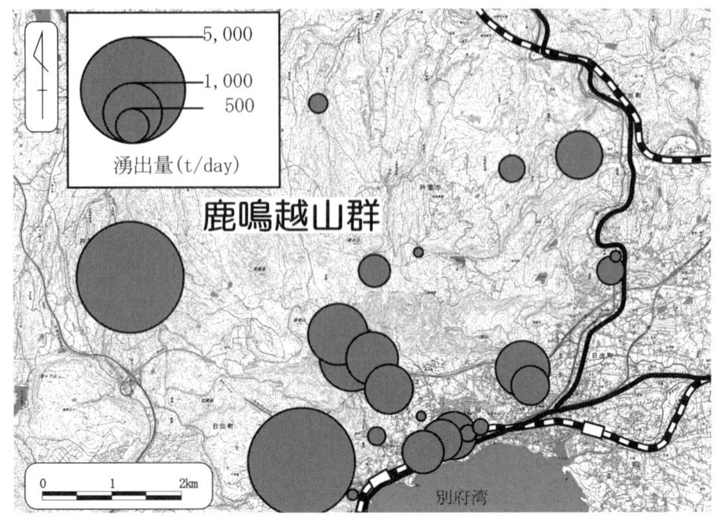

図７　湧水の湧出量

の豊富な地域である。

②水質の特徴

国東半島と鹿鳴越山群の湧水温は、ほとんどが13～17℃であった。全体的には、鹿鳴越山群よりも国東半島の名水の方が水温は低く、より浅い地下水が湧出したと考えられる。国東半島北部の沖積地にある田中社湧水等では、冬季に観測したにも関わらず20℃前後と高い値を示した。近くに温泉などはなく地熱の高い地域でもないので、その原因は不明である。また、国東半島の標高の高い地域にある湧水と、低い地域に存在する湧水との水温差はあまりなく、火山としての流動機構の中での湧水としては存在していないことを裏付けている。電気伝導度の値は、鹿鳴越山群で100 μS/cm 前後を示す。ところが国東半島では、鉱泉の拍子水は別として、94～311 μS/cm と多様であり、特に半島北部の湧水群と弘法大師の霊水で高くなっている。pHの値は6.2～7.3で弱酸性～中性の値となり、国東半島と鹿鳴越山群で目立った差は見られない。RpHは7.4～7.8でほぼ一定の値となった。

無機成分の分析値からヘキサダイアグラムとトリリニアダイアグラムを作成した（図8）。国東半島の名水のカチオンは$Ca^{2+}$もしくは、$Na^{+}+K^{+}$に富み、アニオンは弘法大師の霊水を除いて$HCO_3^{-}$が主要成分となっている。志賀ほか（1983）の河川水質調査でもこの傾向が認められる。水質パターンから見ると、各名水の差が大きく、それぞれが局地的な涵養湧出機構を持っていることが明らかである。国東半島の中で、唯一第四紀噴出物の地域で文殊山山頂付近に湧出する清滝観音の湧水と両子山の走水観音の霊水は、他の湧水と比較して溶存成分濃度が小さく、ごく狭い集水域を持つことが分かる。椿堂弘法大師の霊水は今回紹介する湧水の中で最も異質なものの1つで、特に$Ca^{2+}$と$SO_4^{2-}$濃度が高く$Ca-SO_4$型となっている。国東半島北部の湧水群は$Na-HCO_3$型に近いパターンを示すが、$Cl^{-}$濃度がそれほど高くないため、風送塩起源ではなく地質起源であろう。鹿鳴越山群の湧水はどれもほぼ一定のパターンを示し、典型的な$Ca-HCO_3$型の水質を示している。

人為的汚染の指標となる$NO_3^{-}$濃度は一部の湧水を除き3mg/l以下で、ほとんど汚染は認められない。汚染が認められる湧水のうち、鹿鳴越山群の舟ヶ尾東面の湧水と萓の木湧水は化学肥料の混入と推定される。国東半島の文殊山山頂付近にある清滝観音の湧水は人為汚染の全く考えられない地域にある

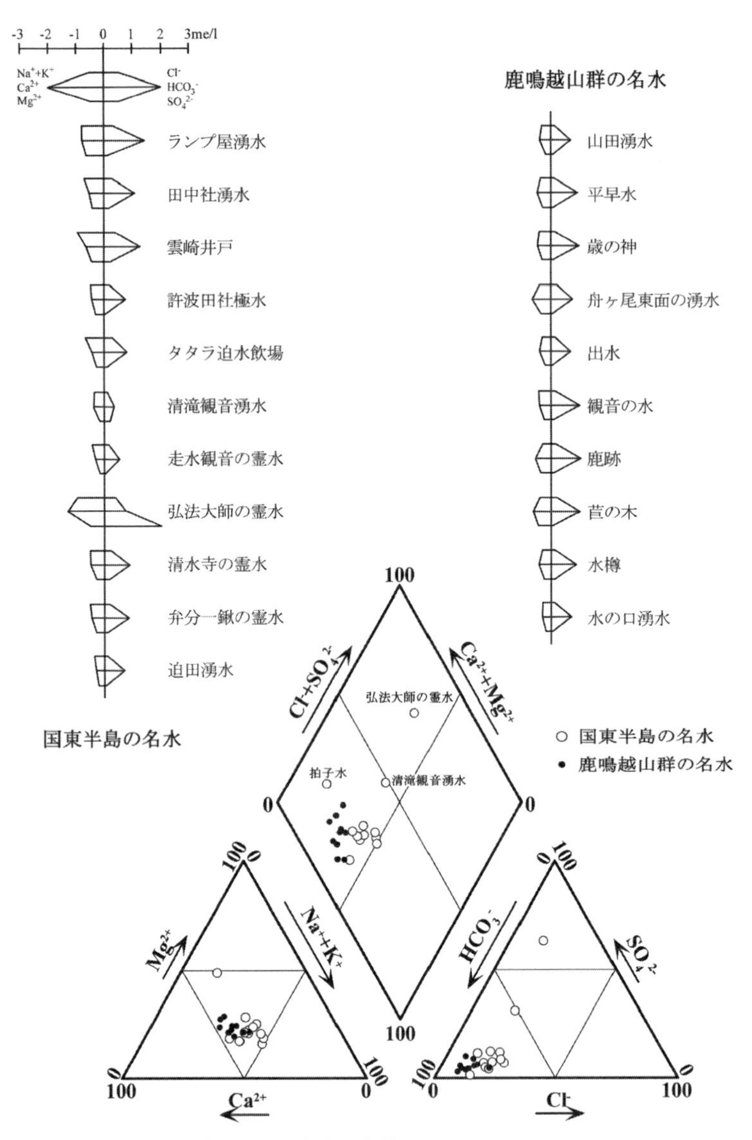


図８　国東半島と鹿鳴越山群の名水の水質

が、8.9mg/l という値を示している。その起源は不明であるが、酸性雨の影響も考えられる。$SiO_2$濃度は鹿鳴越山群より国東半島の値が高く、地質の差を考慮に入れても、より長い流動時間を経た後に湧出したものと考えられる。

## 4）まとめ

国東半島の名水はそのどれもが非常に湧出量の少ないもので、かつ数も少なかった。湧出量と水質からは、大きな火山体としての涵養湧出機構とは関係なく、局地的な湧出機構を持ったごく小規模な湧水と言えるであろう。またその分布は、両子山を通る南北方向の中心線上に存在していることが特徴である。鹿鳴越山群の名水はその数も量も非常に豊富であった。今回紹介した名水の主要溶存成分は、$Na^{+}$、$Ca^{2+}$、$HCO_3^{-}$、$SiO_2$であり、国東半島の一部の名水を除き、ほぼ同じ傾向を示した。異なる水質を示す名水は、第四紀噴出物から湧出する清滝観音の湧水と弘法大師の霊水、および鉱泉の拍子水であった。鹿鳴越山群の名水は、水質の地域的な特徴はほとんどなく、典型的な$Ca\text{-}HCO_3$型の水質を示した。

国東半島の名水は、第三紀層に覆われた表流水の非常に乏しい地域にあり、そこは干ばつ被害の多い土地柄であった。それを物語るように、国東半島の名水は、弘法大師が住民の苦難を見かねて見つけ出したと伝えられる名水が多く見られる。これらの名水は、水の乏しい地域に生活する人々にとっては命の水であり、どれも霊水として崇められ大切にされてきた。

対照的に鹿鳴越山群の名水は数量ともに豊富であり、水の存在自体が当然のこととして、伝説などもあまりなく、住民にはあまり知られていない状況であった。しかし、鹿鳴越山群の名水は、1797年に二宮兼善によって著された『図跡考』の記述通りの湧水が存在し、200年間その利用形態にほとんど変化がないという点で貴重である。国東半島と鹿鳴越山群は隣接する地域でありながら、その名水としての意味は様々な点で異なっているといえよう。

### （5）図会を用いた環境復元の特徴と問題点

最後に、名所図会等の資料を収集するには非常に多くの資金と労力がいる。『都名所図会』については国際日本文化センターで公開されているが、他の資料については図書館や資料館、古書店等を丹念に探すしかないであろう。ただし、名所図会については、CD-ROM で発売された「名所図会集成」があり、すべてではないものの、9つの図会については全ページが収められている。ぜひ続編を期待したいものである。また、図会以外でも伝説や伝承、民俗学関係の書物からも多くの情報を引き出すことが可能であり、その幾つかの事例について、河野(2006)は、弘法水や「水船」、「六角井戸」の事例や、磨崖仏と閼伽水、内陸にある塩水井戸等の事例を紹介している。いずれも上記の資料から見出した湧水や井戸の位置情報および逸話から、その科学的背景を検討している。

本視点における研究上の一番の問題は、環境問題や自然科学を扱う研究者が、これらの資料についての造詣を深める時間の確保が難しいことである。共同研究者として理解のある研究者が身近にいるか、付属図書館等に資料が豊富に揃えられていれば、比較的労力をかけずに研究を進めることができるであろう。このような自然科学に使用できる可能性のあるデータベースが整備されることを望みたい。

参考文献


青野壽郎・尾留川正平（1967）：『日本地誌　第７巻　東京都』，日本地誌研究所，20–27.

秋田裕毅（2010）：『井戸』法政大学出版局，242p.

新井　正（1996）：東京の水文環境の変化．地学雑誌，Vol.105，No.４，459–474.

新井　正・藤原寿和・舟田昭子・雨宮　優・植田芳明・岡田浩美・長沼信夫（1987）：東京の台地部における湧水の現状．地理学評論，Vol.60，No.７，481–484.

新井　正（2008）：都市水文研究のすすめ．日本水文科学会誌，Vol.38，No.２，35–42.

池末啓一（1981）：秋留台地の湧水とその利用．地域研究，Vol.22，No.２，39–47.

伊藤好一（1996）：『江戸上水道の歴史』，吉川弘文館，215p.

今井育雄（1975）：『日本名所図会全集　江戸名所図会　巻１－４』，名著普及会，2070p.

上田敏雄・水野健一郎・飯野竜一・大平範行・中村静也・朝生純子（2000）：東京都の湧水の現況．日本地下水学会誌，Vol.42，No.３，235–241.

上田敏雄・水野健一郎・飯野竜一・大平範行・中村静也・朝生純子（2003）：名水を訪ねて（60）東京都の名水―武蔵野台地の湧水―．日本地下水学会誌，Vol.45，No.１，81–92.

江戸遺跡研究会編（2011）：『江戸の上水道と下水道』，吉川弘文館，218p.

岡崎征男（2005）：『江戸東京伝説散歩』，青蛙房，166p.
荻窪　圭（2010）：『東京古道散歩』，中経文庫，255p.
小澤恵理子・梅崎基考・保田　崇・片山延洋・田篭孝一（2004）：東京都の湧水の現況（２）．地下水技術，Vol.46，No.11，21-29.
カッパ研究会（2005）：「京の名水」，カッパ研究会，15p.
カッパ研究会（2004）：「京の水物語マップ」，カッパ研究会，15p.
鐘方正樹（2003）：『井戸の考古学』，同成社，207p.
栗田　彰（1997）：『江戸の下水道』，青蛙房，261p.
河野　忠（1995）：国東半島湧水の水文化学的研究．日本文理大学紀要，Vol.23，No.２，71-80.
河野　忠（2002）：高知県の名水．地下水学会誌，Vol.44，No.４，325-335.
河野　忠（2003）：「大分の伝説の水を科学する」，『大分学・大分楽』（共著）所収，明石書店，99-113.
河野　忠（2009）：温泉発見・開湯伝説から見た泉質と効能に関する研究．大分県温泉調査研究会報告，No.60，57-68.
駒　敏郎（1993）：『京洛名水めぐり』，本阿弥書店，209p.
鈴木康久ほか編（2003）：『もっと知りたい！　京都水の都』，人文書院，216p.
桜井正信（1968）：『武蔵野古寺と古城と泉』，有峰書店，276p.
酒井茂之（2010）：『東京ご利益スポット』，明治書院，213p.
酒井茂之（2010）：『江戸・東京坂道ものがたり』，明治書院，218p.
佐々悦久編著（2011）：『大江戸古地図散歩』，新人物往来社，317p.
志賀史光・川野多実夫・小石哲史（1983）：国東半島陸水の水質，『国東半島―自然・社会・教育―』，大分大学教育学部，72-84.
末広恭雄（1964）：『魚と伝説』，新潮社，243p.
高村弘毅（1985）：「多摩川における湧水涵養機構に関する研究」，とうきゅう環境浄化財団，82p.
高村弘毅（2009）：『東京湧水せせらぎ散歩』，丸善，111p.
東京都（1984）：『都史紀要31 東京の水売り』，東京都，228p.
東京地下水研究会編（2003）：『水循環における地下水・湧水の保全』，信山社サイテック，254p.

東京都歴史教育研究会編（2005）：『東京都の歴史散歩㊤下町』，山川出版社，278p.
東京散歩倶楽部（1997）：『東京ご利益散歩ガイド』，小学館，271p.
東京都環境保全局（2002）：「東京の湧水―平成12年度湧水調査報告書―」，東京都，39p.
中江克己（2009）：『江戸に眠る七不思議と怖い話』，青春文庫，237p.
原島広至（2008）：『東京今昔散歩』，中経文庫，223p.
平田重夫（1971）：本郷台，白山における不圧地下水の涵養機構．地理学評論，Vol.44，No.1，14-46.
林　武司・宮越昭暢・安原正也（2007）：大都市圏の発達に伴う地下水環境の変化と課題．日本水文科学会誌，Vol.37，No.4，271-285.
日色四郎（1964）：『日本上代井の研究』，日色四郎先生遺稿出版会，201p.
日出町（1986）：『日出町誌　資料編』，日出町，1243p.
廣田稔明（2006）：『東京の自然水124』，けやき出版，119p.
堀越正雄（1981）：『井戸と水道の話』，論創社，275p.
みずみち研究会（1998）：『井戸と水みち』，北斗出版，202p.
宮田太郎（2001）：『鎌倉街道伝説』，ネット武蔵野，39p.
森　雄仁・吉越昭久（2005）：井戸遺構からみた平安時代の地下水環境―平安京を中心に―．立命館地理学，No.16，117-128.
森山善蔵・日高　稔・堀　五郎・津崎俊幸（1983）：国東半島の地質，『国東半島―自然・社会・教育―』，大分大学教育学部，29-62.
吉越昭久（2008）：都市域の水文環境研究の視点―歴史水文学の可能性―．日本水文科学会誌，Vol.38，No.2，99-104.
吉越昭久・新見治・谷口真人・谷口智雅（2005）：古水文環境の復原と変遷．日本水文科学会誌，Vol.35，No.3，95-96
吉越昭久（2001）：都市の水文環境の変化．古今書院『人間活動と環境変化』，33-45.
吉越昭久（1998）：都市域における水文環境の変化―京都を事例とする予察的研究―．立命館文学，No.553，327-342.
吉越昭久（1997）：近世の京都・鴨川における河川環境．歴史地理学，

Vol.39, No.1, 72-84.
吉越昭久（1993）：名所図会類にみる河川景観—近世の京都、鴨川を中心に—. 奈良大学紀要, No.21, 145-156.
吉越昭久（1989）：平安京の水問題. 地理, Vol.34, No.8, 51-56.
吉越昭久（1987）：都市の歴史的水文環境. 新井正・新藤静夫・市川新・吉越昭久著『都市の水文環境』, 201-252.
柳田国男監修（1971）：『日本伝説名彙』, 日本放送出版協会, 523p.
山折哲雄監修・槇野　修著（2011）：『江戸東京の寺社609を歩く　下町・東郊編』, PHP 研究所, 365p.
山本　博（1970）：『井戸の研究』, 綜芸舎, 315p.

# 第6章
# 様々な用途に用いられる名水

弘法井戸
海水よりも高い塩分濃度があり、皮膚病に効能のある温泉として利用していた（千葉県館山市神余）

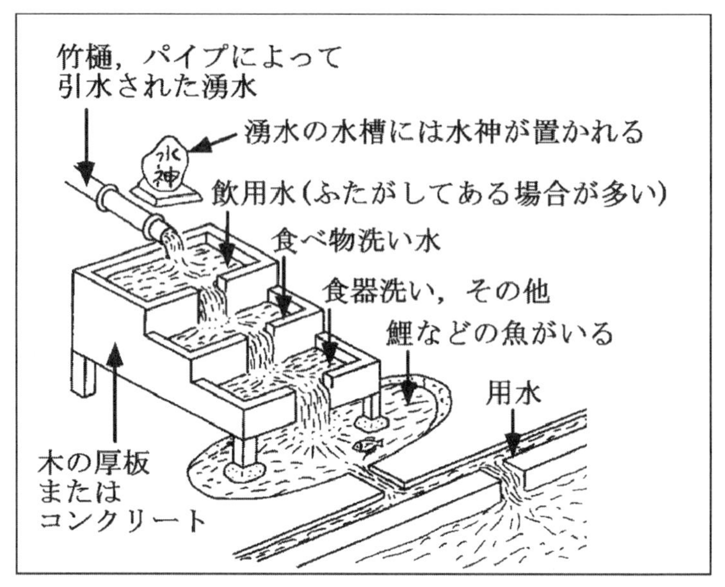


図１　水船各段の用途

日本地下水学会編『名水を科学する』（1994）技報堂出版株式会社より

写真１　宗祇水（岐阜県郡上八幡市）

写真２　弘法清水（富山県黒部市生地）

### （1）はじめに

これまでの研究の中で、伝説の水には様々な用途が見られることが分かってきた。病気や健康に関する水や、閼伽水、茶の湯水等が代表的なものであるが、水質を調べてみると、そこに科学的根拠を見出すことのできる名水が散見される。そこで本章では、それらの名水の紹介と科学的背景、その水を利用する上で、日本各地でよく見られる水船について述べていく。

### （2）水利用の匠「水船」

用途別の名水を紹介する前に、ある湧水を水源として、下流側に幾つかの枠を作り用途別に使用した「水船」について述べておきたい。水船とは水を貯えておく大きな水槽のことを意味している。古くから大切に利用され比較的湧出量の多い湧水には必ずと言ってよいほど水船がある。日本各地の湧水で見られる一般的な水船は、図１のような３段式のもので、上から、飲料水、食材の洗い場、食器洗い場等となっており、その地域に応じて、貝類や野菜を冷やしたりするところもある。更に下流には洗濯場のあることが多く、鯉を飼育して残飯を処理させる工夫をした水船も多く見られる。

この使用ルールを守らないものは村八分（今でいういじめにあい、村を追放されること）にされたらしい。岐阜県郡上八幡市にある名水、「宗祇水」（写真１）には古来より整備された３

写真３　浜の川湧水（長崎県島原市）の水船

写真４　神子の泉（山形県遊佐町鳥海山山麓）日本最大数の水船を誇る湧水

段式の水船が見られ、富山県黒部市生地の自噴地下水帯にある「弘法清水」（写真２）には、最新式の４段式水船が整備されている。

これまで訪れた水船の中で、最も珍しいものは、長崎県島原市にある「浜の川湧水」（写真３）の水船である。写真の通り「コ」の字型の配置となっており、時計回りに水が流れる他に例を見ない形となっている。和やかなムードあふれる湧水であるが、厳格にその利用規則が守られている。

また、これまで確認した中で最も水船の段数が多いものが、山形県遊佐町にある「神子の泉」（写真４）である。上から、①飲料水、②野菜洗い、③食器洗い・食材の冷却、④洗濯、⑤農機具や雑巾洗い、⑥おむつ洗い、となっている。おむつを洗う習慣は今ではほとんど見られないが、往時には多くの若いお母さんたちで賑わったことだろう。つい最近になって愛知県新城市に「お井戸」と呼ばれる７段の水船がある湧水を見出した。今後の調査に期待したい。

青森県弘前市にある「富田の清水（しっこ）」（写真5）は5段の水船を持つ名水であるが、雪国らしく覆い屋の中にあり、5段の水船が2列造作された大規模な水船を有している。

ところで、前述した弘法水には水船がほとんど見られない。これには2つの理由が考えられる。弘法水の湧出量は極微量であるために、普段の生活用水として利用することが不可能であり、水船を作る意味がなかったということと、弘法水は寺や神社等の神聖な場所に存在し、霊水や薬水として用いられる水であって、生活用水として利用される水ではなかったということである。

写真5　富田の清水（青森県弘前市）　大きな建屋の中に5段2列になった水船がある

### （3）病気・健康に効能の伝えられる水（薬水）

岐阜県の「養老の滝」（写真6）を代表とする酒泉（養老）伝説に、「子は清水」がある。孝行息子の汲む泉の水が、親が飲むと酒になり、子が飲むとただの水であったことから、「子は清水」とも命名されたと言われている。孝養心が水を酒に変え

写真６　養老の滝にある菊水霊泉（岐阜県養老町）

写真７　萬太郎清水（大分県別府市）

たということを説いた話だが、柳田国男は「孝子泉の伝説」の中でこうした伝説の成り立ちについて、かつて泉のもとで神祭りが行われ、その際に泉の霊水で酒を造り、それを祭りに用いたことから、酒の神秘性を語る伝説であったろうと説いている。大分県には別府市朝見神社に「萬太郎清水」（写真７）が伝えられ、県外からも大勢の人が水汲みに訪れている。水質に特に変わった点はないが、ガス成分が非常に多いことが特徴である。

このように日本各地には病気や健康に良いとして伝えられた名水が数多く存在する。以下に大分県を中心とした名水の数々を紹介するが、本当に医学的効能があるかは不明である。むやみに利用することは避けたいが、薬水には、伝説の背景や自然科学的根拠に基づく、別の観点からの意味が浮かび上がってくることがある。今後、医学的な観点からの研究に期待したい。

### 1）眼病

写真８　篠座神社の目薬（福井県越前大野市）

日本各地に生目神社が知られているが、伝えられる伝説の１つに源為朝（鎌倉権五郎）の話がある。源氏の武将であった為朝は、目を矢で射抜かれ片目になってしまったという伝説である。そのせいか、生目神社には眼病の治る霊水の存在がよく見られる。また、福井県越前大野市篠座神社には「篠座目薬」（写真８）と呼ばれる名水がある。

弘法水にも同様の伝説が存在するが、これらの水質を調べてみると、薬水とは言えないまでも科学的な根拠らしきものが垣間見える。眼病の霊水の水質を調べてみると、①塩分濃度の高い水、②蒸留水に近い清澄な水、③硝酸イオンあるいは硫酸イオン濃度の高い水、の３パターンに分類することができる（河野、2002）。眼病の霊水に殺菌効果があると考えれば、医療技術の未熟な時代、不衛生な環境から簡単な眼病を煩った場合にこれらの水で目を洗うことによって、治癒したとしても不思議ではないであろう。実際に海岸で怪我をした場合には化膿し難いし、塩が腐敗を防止することはよく知られ、民間療法として伝えられている。

写真９　籠目権現社の霊水（大分県竹田市）

### 2）皮膚病

大分県竹田市籠目の県道沿いにある小さな鳥居をくぐり急な階段を下りていくと、鬱蒼とした雰囲気の谷間になってくる。薄暗い中をしばらく降りていくと祠が現れ、その横にある岩の割れ目から滝のようにほとばしり出る湧水がある。これが「籠目権現社の霊水」（写真9）である。いかにもという雰囲気のある名水だが、この水にはイボが治るという伝説がある。水質自体に特徴的な点は見られないが、面白いことに竹田市を始めとした阿蘇火山の火砕流（ASO 4）堆積地域に、イボが治る水（イボ水）が多く見られるのである。しかもイボ水には硝酸イオン濃度が高い特徴がある。その多くは溶結凝灰岩上にある畑に施肥されたことによる硝酸汚染と考えられるのであるが、半分ほどの名水で、酸化還元電位（ORP）が低く、マイナスになる名水がある。これは大分のイボ水に限らず全国に分布する同様のイボ水に共通して見られる特徴である。温泉医学的には、皮膚病に効能のある温泉のORPはマイナスの場合が多く、pHが酸性で、硫酸イオンに富むものが適しているという。したがって、全国で散見できるイボ水はまんざら伝説として葬り去ることのできない水と考えられるであろう。

また、田上（1999）、池見（1973）によると、イボはヒト乳頭腫ウイルスの感染で起きる病気でありながら、ある種のイボは自然に消えてゆくことが知られている。各地にある「いぼ地蔵」は、お参りしたり、おまじないを唱えるだけでも治癒するとされており、世界でも、古くからイボを治す様々な儀式や信仰がある。また、プラシーボ効果により、３割が治癒すると言われている。

### ３）胃腸病

大分県杵築市大田にある「清水寺の霊水」（写真10）は豊の国名水15選の名水である。万病に効能があるとも言われるが、特に胃腸病への効能があると伝えられている。水質自体に特徴的なものを見出すことはできないが、信ずるものは救われるプラシーボ効果を期待して、利用される人が県外からも参拝に訪れるという。

写真10　清水寺の霊水（大分県杵築市大田）

### ４）健康・長寿

世界に名だたる長寿国である日本の中で、最も長寿の地域が沖縄県、鹿児島県である。これらに共通する事象と言えば気候が温暖なことではあるが、水質から見ると、いずれも飲料水の硬度が高いという共通点がある。硬度の高い水を飲用すると、短期的には胃腸を壊し下痢をするが、長期的には不足がちなカルシウム分を補給することができるため、長寿を保つのに効果があると知られている。アンデスのヴィルカバンバ、旧ソ連のコーカサスおよびカラコルムのフンザ地域は、世界の三大長寿地域であり、飲料水の硬度が非常に高いと言われている。

弘法水もミネラル分が高濃度で含まれている場合が多く、長寿の水、延命水として知られている。プラシーボ効果を期待して利用することが多いものの、カルシウム濃度との関係が医学的に研究されることを期待したい。

### 5）安産・乳の水

大分県中津市下池永に「鎌倉井戸」(乳貰い水、写真11）という、北条時頼にまつわる名水がある。鎌倉時代、北条時頼が錫杖で掘ったと言われ、乳の出が悪い女性にこの水で炊いたご飯を食べさせると乳が出るようになるという伝説があるにもかかわらず、地元の方に全く知られていない。たまたまこの近くにあった最明寺井戸という伝承のある井戸の現地調査で、それと断定できる井戸を発見した際、近くの民家の方に鎌倉井戸の存在を訪ねたところ、そう言えばそんな湧き水があった、と話されたことが鎌倉井戸の発見の契機となった。おおよその場所を聞き、行ってみると、河岸段丘崖下の民家と土手にはさまれた、全く周りから見通すことができないところにその湧水はあった。どお

写真11　乳貰い水こと鎌倉井戸（大分県中津市下池永）

りで見つからないはずである。しかし、小さいながらもお地蔵様がまつられており、きれいに整備されていた。民家の人の話では、今でも乳の出の悪い女性が訪れているとのことであった。

写真12　大師の御水（香川県小豆島町安養寺奥の院）

大分県には、日田市田島の産湯八幡にある「安産の泉」が知られている。その案内板によると、「その昔、神功皇后がこの地に神々を祭られた際、御手を清められた水で、妊婦がこの水を飲めば必ず安産で、この近郷ではお産で死んだものはなく、他の病にも御利益があると会所八幡宮縁起に記されている。現在、字後山に小さな木造のお社があり、御願成就の奉納に日田市内はもとより県外各地からも多数訪れ、御利益は広い地域に及んでいる」とある。

このような乳の出の良くなる水や、お産の軽くなる水、つわりの軽くなる水というのは日本全国に散見できる。小豆島にある「大師の御水」（写真12）という名水を訪れた際、この水を汲みに来ている妊婦の方がいたので、話を聞いてみた。案の定、この水を飲むとつわりが軽くなって安産になるとのことであった。

これらの水の水質を分析してみると興味深い事実が見出される。それは、ほとんどすべての湧水で硝酸イオン濃度が異常に高いことである。一般的に肥料による汚染で硝酸が高濃度で検出されることはよくあるものの、これらの湧水の多くは人為的な汚染の考えにくい地点から湧出している。医学的な関係は私には知るよしもないが、硝酸イオン濃度の高い水は、幼児にメトヘモグロビン血症、いわゆるブルーベビーシンドロームを発症させることが知られている。これは、硝酸イオンが血液中の赤血球と結合してしまい、酸素を取り入れることができなくなり、窒息死してしまう病気である。素人目には、妊婦が硝酸イオン濃度の高い水を大量に摂取すると、胎児の酸素濃度が減少し、悪い影響しか与えないと思われる。是非とも医学関係者の研究対象として取り上げていただきたいものである。

### 6）病気に効能のある水の真偽

先に紹介した弘法水は非常に特異な水質を有していることから、鉱泉や温泉等とほぼ同じ性質を持つ湧水、地下水であると結論づけた。しかし、温泉水ほど高濃度の溶存成分が溶けているわけではない。薬水と呼ばれる伝説の水は本当に病気に効能があるのだろうか。その１つの解答がプラシーボ効果である。臨床医学において薬物の効力を検定する場合に、対照薬として、また時には暗示的効果を期待して、薬理作用のない物質を用いる。この作用のない物質を偽薬と呼んでいる。偽薬は、薬効を検討する薬物と外観的な形、大きさ、色を始め、味、匂い等も同じように作られている。この薬理作用によらない暗示的治癒効果をプラシーボ効果と言い、精神疾患、リウマチ疾患、各種の痛み、高血圧、消化性疾患では強く現れる。また、プラシーボ効果がよく現れる人と現れない人がいる。

池見（1963、1973）によると神経性の胃腸病や皮膚病には、非常に大きな効果が認められるとしており、有名なフランスの「ルルドの泉」の効能もプラシーボ効果によるものであろうと述べている。したがって、弘法水は大師信仰に基づく非常に強いプラシーボ効果が働き、更には水質的にも温泉と同様の効果があることから、医者から処方される薬よりもより高い効能が期待できる場合があると考えられる。

### （4）美人水

京都市山科区の随心院は小野小町が居住していたことで知られる寺院である。その広い境内の中に「小野小町化粧の井戸」がある。小町が毎日井戸の水面に顔を映して化粧をしたと伝えられる。この井戸はまいまいず井戸状になっていて地表から２m ほど降りたところに水面がある。そのおかげか風の強い日でも、周りの竹林が防風の役割を果たしていることもあり、水面が鏡のようになっている。日本各地にある化粧の井戸はこのタイプの井戸が多く、鏡のような水面を利用して化粧をしたことから、化粧の井戸として伝えられたのであろう。

その一方で、大分県臼杵市深田の「化粧の井戸」（写真13）にはアザがとれ美人になるという、いわゆる化粧水伝説があり、水は白濁している。この水で手を洗うと、不思議なことに肌がすべすべになる。また、島根県松江市にある「化粧井戸」（写真14）は、臼杵の化粧井戸同様、白濁している。２つの湧水の水質を分析したところ、取り立てて変わった成分は検出できな

写真13　化粧の井戸（大分県臼杵市深田）

写真14　化粧井戸（島根県松江市）

いが、この水を濾過するとすぐにフィルターが目詰まりを起こすことから、白濁成分は粘土分ではないかと推測される。化粧井戸の粘土分が若い女性にブームとなっている泥パックと同じ肌の保湿効果があると考えれば、これら白濁している化粧水は、経験的に知られていた美容法の１つであったのではないかと考えることができる。

## （5）硯水

書道に利用する水のことを硯水と呼ぶ。弘法大師の硯水は、その水を利用しただけで字が上手くなると言われているが、科学的な根拠は全くない。しかし、川上（1994）によると、書にとって理想の磨墨液は運筆が思いのままになるのびのあるものだと言う。そのための条件として、墨液中の墨の粒子が細かく、そろっていることが挙げられる。それを作るには、丁寧に作られた上級品の墨、きめの細かな硯、良い湧き水、それに柔らかくゆっくり丁寧に墨をすることが条件である、と述べている。

書にとって良い水は、混ざり物のない純粋に近いものほど良い水、ということになる。つまり、ススとニカワの細かな粒子が水に分散しているので、そのコロイドを大きくしないこととコロイドを固まらせないようにする必要がある。墨のコロイドが大きくなったり固まったりすると墨がねばねばした状態になり、筆運びが悪くなる。さらに、墨が紙に浸透しにくくなるようである。コロイドを大きくしたり固まらせたりするものは、水に含まれる塩分やカルシウム、鉄、カルキである。硯水の水質を改めてみると、カルシウムは多いものがある。また、シリカの濃度が比較的高く、これが墨の乗りを良くしている可能性もあり、今後検討が必要である。

大分県杵築市山香町御許山と華岳山頂付近には、「硯水」（写真15、16）という湧出口が硯の形になっている湧水がある。弘法水の中には硯水が多く見られるが、これは大師が書の達人であったことにちなみ、この水を使用して字を書くと上手くなると伝えられている。硯水で字が上手くなるとは考えられないが、墨の乗りの良い水で書けば、多少は美しく見えるはずである。

写真15　硯水（大分県杵築市山香町御許山）

写真16　仁聞の硯石水（大分県杵築市山香町華岳北西）

硯水は溶存成分の少ない水が適しているとも言われており、御許山の水も蒸留水に近い水であった。

## （6）不思議な名水

大分県日出町暘谷城の海岸にある「海底湧水」（写真17）は不思議な名水である。この湧水は海底から湧出するためなかなかその実態をつかむことができないが、代表的な大分特産品である城下カレイの味を良くすると言われている。真水と海水が交わる汽水域には、豊富な魚類が見られ、味も良いことが知られており、城下カレイもその一例なのであろう。海底湧水は日本各地に散見されるが、この海底湧水は、背後の鹿鳴越山群から流動する被圧地下水が海底に湧出すると考えられる（河野、1996）。

写真17　海底湧水のある付近（大分県日出町暘谷城）　カーブの沖20mほど、水深5mあたりで湧出している

### 1）病害虫駆除に効能のある水

風変わりな伝説の水に、田畑の病害虫駆除祈願の水というものがある。大分県大分市佐賀関町早吸日女神社の「御神水」（写真18）と、大分県日田市大山町烏宿神社の「御池」（写真19）が相当する。これらの水を田畑にまくと病害虫がつかず、

写真18　御神水（大分県大分市佐賀関町早吸日女神社）

写真19　御池（大分県日田市大山町烏宿神社）

写真20　御香水（福岡県添田町小石原村）

写真21　高清水（島根県東出雲町）

写真22　甲掛清水（愛知県美浜町）

豊作になるという。同様の水が、福岡県小石原村の「御香水」（写真20）、島根県東出雲町の「高清水」（写真21）、愛知県美浜町の「甲掛清水」（写真22）等にも伝えられている。これらの水をサンプルし、有機成分の定性分析を行うと、ごく微量ではあるが蚊取線香と同じ効果のある成分が検出される。現実的に、これらの水を田畑に撒いただけで病害虫がつかなくなるとは考えにくいが、その因果関係は不明である。しかし、瓢箪から駒ということもある。今後の研究に期待したい。

### 2）雷の井戸

雷の井戸の一般的な話は、ある寺に雷が落ち、雷神が天に帰ろうとするところを和尚が捕まえ、水を出すことを条件に天へ返したという伝説である。また、雷が落ちる夢を見たところ、翌朝その場所に池ができていた、等という話もある。この手の伝説は日本各地にあるが、大分県津久見市解脱（げだつ）庵寺の「雷の井戸」（写真23）や大分県大分市高尾山自然公園の「竜神の池」（写真24）に同様の伝説がある。木の根本には地下水の通り道

写真23　雷の井戸（大分県津久見市解脱庵寺）

写真24　竜神の池（大分県大分市高尾山自然公園）

となる「みずみち」があることが多く、落雷によりイチョウ等の大木が倒れることにより、地下水が湧出するのではないかと推測される。

## （7）閼伽水

埼玉県嵐山町に「閼伽井の清水」（写真25、26）という名水がある。かなり深い井戸状の湧水であるが、底までよく澄んだ水で満たされている。磨崖仏の章（第3章）でも述べたが、これらの閼伽水は硫酸イオン濃度が高く、腐りにくい水であると考えることができる。広辞苑によると閼伽水とは、“仏に供える水”とある。この語源を研究した高村（1996）は、「閼伽とはインドのサンスクリット語の“argha”からきており、英語で水を意味する“aqua”の語源と言われている。古く中国において閼伽、阿伽と音訳され、水のことを“アカ”と呼ぶようになったと思われる。また、船底に溜まったぬるぬるする水垢、水の容器に付着した水の有機物の垢、

写真25　閼伽井の清水（埼玉県嵐山町）

背中の皮殻細胞が死んだ垢、埃の垢などはもとより、時にはこれらの垢を落としたり、流したりするような場合にも用いられるようになり、本来持っていた“心のアカ”を清め洗い流す浄水、聖水という意味合いが薄れてきた」と述べている。前述したように、弘法水を始めとした閼伽水の水質を分析すると硫酸イオンが多量に含まれている場合が多い。先人たちは経験的に見た目が清浄で、腐りにくい水を閼伽水として用いたのであろう。

## （8）茶の湯・酒造用の名水

茶の湯は昔から親しまれ、我々の生活に溶け込んだ水の文化である。茶の湯は平安時代頃から上流階級で嗜好品として普及し、後に千利休を始めとした有名な茶人を輩出した。茶の湯に用いられる湧水や井戸水は、局地的には知られているものの、日本全国を対象にした調査は行われていない。また、その水質についての報告も見当たらない。そこで、本節では歴史上の人物にまつわる茶の湯水の悉皆調査によりその分布を把握し、茶の湯に適した湧水の水質について考察する。

様々な情報源から日本各地の茶の湯水の所在を確認し（千・千（1937）等)、現存している湧水は、できうる限り現地調査に赴き、史実や伝承、存在形態や水質を確認する。今回は、主に西日本に分布する茶の湯水を対象として考察する。

### 1）茶の湯水の分布

これまでに調査分析の終えた茶の湯水の分布を図１に示す。

茶の湯水は日本全国に分布するが、西日本、特に京都（図２）に多く、様々な歴史上の人物が登場する。中でも豊臣秀吉にまつわる太閤水（図３）は群を抜いて多く、京都はもちろんであるが、面白いことに九州北岸に沿って点々と存在し、古くから由緒ある名水として大切に扱われていた。また、東京には徳川将軍家にまつわる茶の湯水が伝えられ（図４）、都心の開発が著しい地域にも関わらず現存する。

茶の湯水が存在する地域の地質は、堆積岩地域が多く、火山岩地域は凝灰岩からの湧水のみに存在していた。一般的に美味しいと言われるミネラルウォーターは火山岩地域の水が多いも

図１　日本各地における茶の湯水の分布

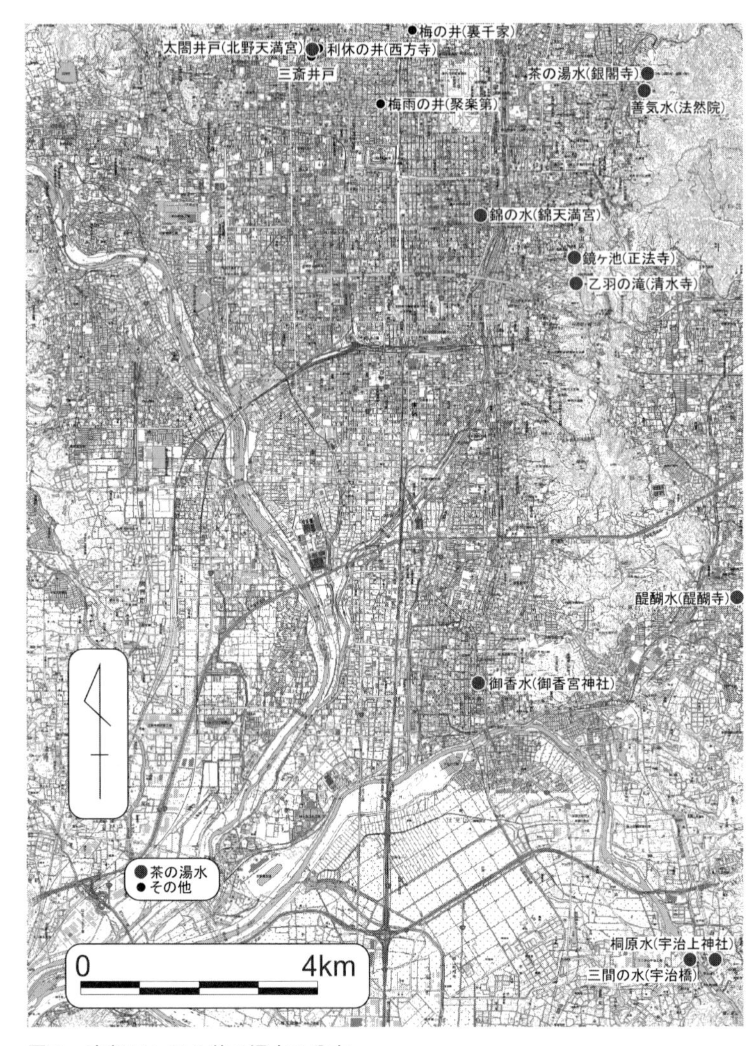


図２　京都における茶の湯水の分布

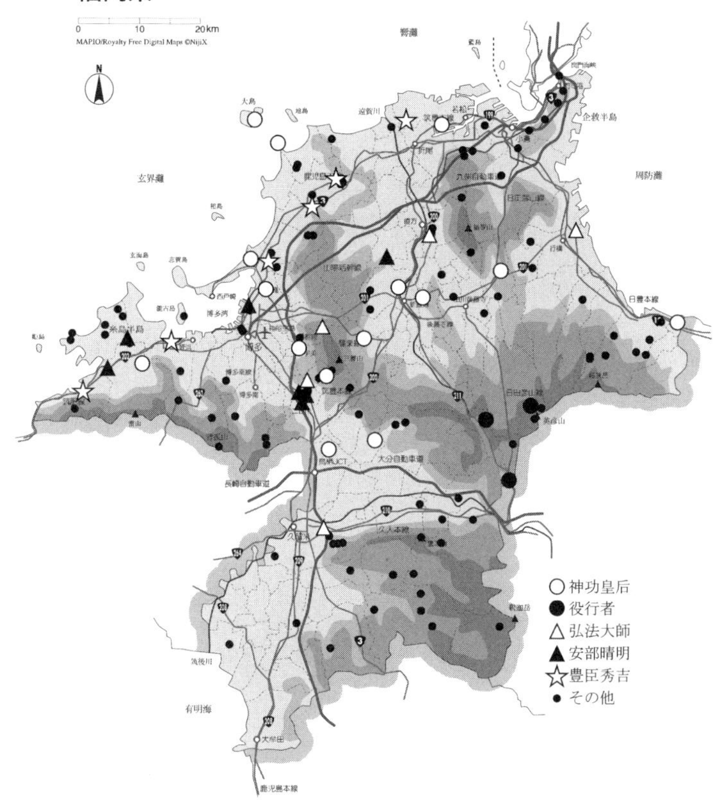


図３　九州北部における人物由来の名水分布

のであるが、茶の湯水が火山地域に存在しないことは大変興味深い。これは茶の湯の過程で、火山地域独特の水質（例えば、$SO_4^{2-}$や$SiO_2$など）が、茶の湯の味覚に影響する反応があるのではないかと考えられる。

また、茶の湯水を利用するのは殿様や高貴な人物が多いことから、都や城下町に居住している場合が多い。したがって、現在残っている茶の湯水の多くが市街地に見られ、長野県の猿庫(さるくら)

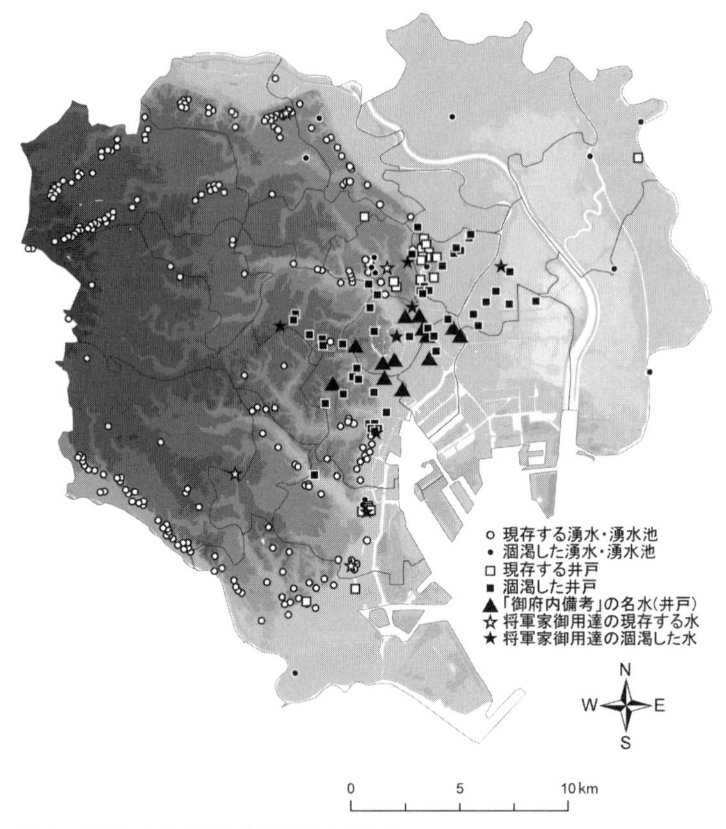


図4　東京における湧水と茶の湯水の分布

の水や石川県の古和秀水のように市街地から遠い地域に存在する例は稀である。

## 2）茶の湯水の水質

茶の湯水に適した水質を明らかにするために、現地調査で水温、EC、pH、ORP を測定し、サンプリングした水を実験室に持ち帰り、イオンクロマトグラフで一般主要成分（$Na^{+}$、$K^{+}$、$Ca^{2+}$、$Mg^{2+}$、$SO_4{}^{2-}$、$Cl^{-}$、$NO_3{}^{-}$）について分析した。なお、$HCO_3{}^{-}$については、pH4.8アルカリ度として分析定量し、$SiO_2$は分光光度計を使用しモリブデン黄法で分析した。その結果、茶の湯水は市街地近郊に存在する傾向があり、$NO_3{}^{-}$を代表的な指標とする人為的な汚染が顕著に見られる場合が多いことが判明した。

水質分析結果からトリリニアダイアグラムを作成した（図５）。人為的な汚染も多いことから、様々な水質パターンが現れたが、注目すべきは楕円で囲んだ２つのパターンである。これらの茶の湯水は比較的人為的汚染を受けておらず、当時のままの水質を維持していると考えられる。そこで、２つのパターンの水の

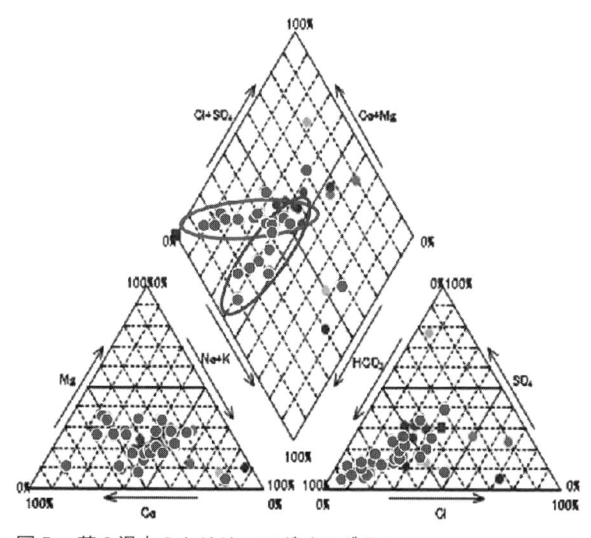


図５　茶の湯水のトリリニアダイアグラム

表１　茶の湯水に適していると考えられる水質パターン

| | $Na^{+}$ mg/l | $K^{+}$ mg/l | $Ca^{2+}$ mg/l | $Mg^{2+}$ mg/l | $Cl^{-}$ mg/l | $SO_4^{2-}$ mg/l | $HCO_3^{-}$ mg/l | $NO_3^{-}$ mg/l | $SiO_2$ mg/l |
|---|---|---|---|---|---|---|---|---|---|
| 雨水に近い低濃度パターン | 4.9 | 0.5 | 9.3 | 2.8 | 4.6 | 4.0 | 31.3 | 2.8 | 19.8 |
| バランスの良い高濃度パターン | 15.0 | 2.6 | 12.8 | 4.6 | 12.3 | 12.8 | 56.1 | 5.9 | 39.9 |

水質を平均してみると表１のようになった。これは、①ミネラル分が低濃度で蒸留水に近い茶の湯水、②比較的ミネラル分に富むが、カチオンとアニオンがバランス良く溶存し、Ca-$HCO_3$型の水質を示す茶の湯水、と考えられる。その２つのパターンの代表的な例として、①醍醐水と善気水、②のパターンとして、御香水を挙げておく。

茶の湯水の科学的な研究は、納屋（2000）が知られているものの、茶の湯を点てる過程での水質変化に着目しており、湧水や地下水の水質には言及していない。今回得られた茶の湯水の２つのパターンがどのような位置づけにあるかは不明であるが、かつての茶人が理想の茶の湯水を求めて探し回った湧水や井戸水の水質が一定のパターンを示すことは、人間の驚異的な味覚の素晴らしさを垣間見たような気がする。

茶の湯を美味しく点てるには、化学的には次のような知見が知られている。①お茶を点てる際のお湯の温度は、香りを良くし苦味を抑えるために80度前後が最適と言われている。② pHは茶の渋み、水色に変化をもたらし、アルカリ性が強いほど渋みが少なくなり、水色は青みを帯びて見た目もよい（pH =6.9）。

③水の硬度は高くなるにつれ色が鮮やかになるが、泡立ちが悪く、茶の湯としての見栄えは悪くなる。さらに香りも落ちるため、硬度の高い水は茶の湯には不適である。今回の結果がこれらの過程とどのような関係にあるのかは、今後の研究に委ねたい。

### 3）茶の湯水の味覚

茶の湯水の味覚は主観的要素が強く、科学的な研究もあまり見られない。今回得られた水質パターンが、茶の湯水にどのような位置づけができるかは、今後詳細な研究が必要となるだろう。更に茶の湯は点てる過程の中で微妙に水質が変化し、鉄瓶等の茶器の影響を受けることが知られている。そこで、その過程での水質変化を分析によって明らかにし、茶の湯に適した湧水の水質を特定したいと考えている。

日本各地にはまだ多くの茶の湯水が存在するので、今後は東日本を中心に調査および水質分析を実施し、西日本の茶の湯水で現れた水質パターンが東日本を含めても現れるかを明らかにしたい。

## （9）不思議な水「炭酸泉」

日本各地の山中に行くと稀にではあるが、炭酸泉に出会うことがある。大分県由布市庄内町の「白水鉱泉」（写真26）はその代表的なものであるが、火山の深部に存在する炭酸を溶かし込んだ自然のサイダーである。今では立派な採水設備ができていて、多くの人が採水に訪れている。少し生ぬるいものの、砂糖を少し溶かして飲めば天然のサイダーのでき上がりである。福島県金山町大塩の「炭酸泉」（写真27）も最近大きな会社が入り、天然サイダーの販売を行っている。

写真26　白水鉱泉（大分県由布市庄内町）

写真27　炭酸泉（福島県金山町）

## 参考文献

池見酉次郎（1963）：『心療内科』，中公新書，215p.
池見酉次郎（1973）：『続・心療内科』，中公新書，245p.
井倉洋二・吉村和久・久保田勝義・中尾登志雄・荒上和利（1994）：九州山地中央部における降水および樹幹流の pH と溶存成分．九大演報，No.71，1 -12.
石上　堅（1964）：『水の伝説』，雪華社，306p.
岩男　順・窪田勝典（1974）：『大分の磨崖仏』，九環，186p.
臼杵市（1978-）：「市報うすき」，臼杵市.
臼杵市史編さん室（1990）：「臼杵市史（上）」，臼杵市，3 -75.
大分県（1988）：阿蘇くじゅう国立公園くじゅう地域学術調査報告書．大分県，180p.
大分大学教育学部（1968）：「くじゅう総合学術調査報告書」．741p.
大河内正一他（1999）：温泉水および皮膚のORP（酸化還元電位）とpHの関係，温泉科学，Vol.49，No.2，59–64.
大河内正一他（2000）：二酸化炭素泉のORPとpHの関係，温泉科学，Vol.50，No.2，94–101.
川上誠一（1994）：『しまね水の旅』，プロジェクト，141p.
北岡豪一・河野　忠（1999）：くじゅう火山群の湧水と河川水の安定同位体比とトリチウム濃度．大分県温泉調査研究会報告，No.50，15–18.
北岡豪一・河野　忠（2000）：くじゅう連山の湧水調査（Ⅱ）．大分県温泉調査研究会報告，No.51，73–80.
熊本の湧泉研究会（2004）：『水は伝える　熊本の湧泉』，熊本電波工業高等専門学校出版会，476p.
蔵田延男（1951）：日本の井戸とその歴史．地学雑誌，Vol.60，No.682，183–190.
河野　忠・田川豊治・藤原秀二（1996）：国東半島と鹿鳴越山群の名水．日本地下水学会誌，Vol.38，No.2，137–143.
河野　忠（1996）：大分県日出町の海底湧水と地下水．日本文理大学紀要，Vol.24，No.2，103–109.
河野　忠・長田美智子（1999）：大分県臼杵市の名水―その現状と水文学的特徴―．日本文理大学環境科学研究所報告，No.2，20–29.
河野　忠（2000）：硫黄山噴火前後の周辺湧水の動向．大分県温泉調査研究会報告，No.51，29–34.
河野　忠（2000）：「地下水・湧水の湧出形態と水質形成機構の解明―弘法水を例として―」，河川整備基金助成事業研究成果報告書，69p.
No.1，2，p.58.
河野　忠（2002）：『弘法水の水文科学的研究』，立正大学学位論文，135p.
河野　忠（2002）：高知県の名水．地下水学会誌，Vol.44，No.4，325–335.
河野　忠（2003）：「大分の伝説の水を科学する」，『大分学・大分楽』（共著）所収，明石書店．133–160.

河野　忠（2003）：福岡県の名水―伝説に彩られた北部の名水―．地下水学会誌，Vol.45，No.4，469-478.
河野　忠（2004）：大分県湧水の水文科学的研究．大分県温泉調査研究会報告，No.55，53-67.
河野　忠（2005）：「大分の七不思議を科学する」，『大分学・大分楽Ⅱ』（共著）所収，明石書店，133-160.
志賀史光・川野多実夫・小石哲史（1983）：国東半島陸水の水質，『国東半島―自然・社会・教育―』大分大学教育学部，72-84.
千　宗室監修・堀内國彦編（2000）：『茶道学大系第八巻　茶の湯と科学』，淡交社，446p.
千　宗室・千　宗守監修（1937）：『茶道　特殊研究編　巻の十三』，創元社，714p.
田上八郎（1999）：『皮膚の医学』，中公新書，272p.
高村弘毅・河野　忠（1994）：名水を訪ねて―大野盆地の湧水群―　御清水．日本地下水学会誌，Vol.23，No.3，255-261.
高村弘毅・河野　忠（1996）：淡路島における兵庫県南部地震後の湧水・地下水の挙動．日本地下水学会誌，Vol.38，No.4，331-338.
高村弘毅（1996）：地球上の水についての思考史．地下水技術，Vol.38，No.2，1-5.
高村弘毅・河野　忠・島野安雄（1998）：名水を訪ねて―長崎県の名水―．日本地下水学会誌，Vol.41，No.1，35-44.
高村弘毅（1998）：オーストラリアの先住民アボリジニが愛用した霊泉“ミネラル冷泉”について．立正大学文学部論叢，No.108，89-99.
田村　勇（1999）：『塩と日本人』，雄山閣，213p.
日本地下水学会編（1994）：『名水を科学する』，技報堂出版，299p.
日本地下水学会編（1999）：『続名水を科学する』，技報堂出版，264p.
日色四郎（1964）：『日本上代井の研究』，日色四郎先生遺稿出版会，201p.
村下敏夫（1966）：『水井戸のはなし』，ラテイス，152p.
森山善蔵・日高　稔・堀　五郎・津崎俊幸（1983）：国東半島の地質，『国東半島　―自然・社会・教育―』，大分大学教育学部，29-62.

山本　博（1970）：『井戸の研究』，綜芸舎，315p.
山本　博（1978）：『神秘の水と井戸』，学生社，218p.

**伝説・伝承などに関する文献**

阿部隆好編（1979）：『豊岡古人語集』，竹屋書店，55p.
荒木博之編（1987）：『日本伝説体系　第十三巻北九州』，みずうみ書房，399p.
市場直次郎編著（1973）：『豊国筑紫路の伝説』，第一法規，308p.
牛嶋英俊（2006）：『太閤道伝説を歩く』，弦書房，281p.
梅木秀徳・辺見じゅん（1980）：『大分の伝説』，角川書店，248p.
奥村玉蘭・田坂大蔵（1985）：『筑前名所図会』，文献出版，897p.
大分県教育会編（1931）：『大分県郷土伝説及び民謡』，大分県教育会，308p.
大分県総務部総務課編（1986）：『大分県史　民俗編』，大分県，945p.
郷土史蹟傳説研究会編（1932）：『増補　豊後傳説集』，郷土史蹟傳説研究会，119p.
熊本日日新聞情報文化センター（1998）：『熊本の名水』，熊本日日新聞社，198p.
河野　忠（2003）：「大分の伝説の水を科学する」，『大分学・大分楽』（共著）所収，明石書店．99-113.
西南学院大学国語国文学会古典文学研究会（1986）：大分・福岡の伝説分類案　その（三）．西南学院大学古典文学研究，第五輯，3-102.
田中熊雄ほか（1986）：『九州・沖縄地方の水と木の民俗』，明玄書房，224p.
福岡県編（1994）：『福岡県文化百選　水編』，西日本新聞社，210p.
古江研也・荒牧一利・田中浩二（1992）：熊本県の湧泉にまつわる伝説・伝承とその利用状況．熊本地理，Vol.3，24-37.
堀藤吉郎（1956）：『別府の傳説と情話』，別府民間伝承研究会，197p.
柳田国男監修（1971）：『日本伝説名彙』，日本放送出版協会，523p.
山本　博（1978）：『神秘の水と井戸』，学生社，218p.

# 第7章
# 六角井戸とまいまいず井戸の地下水利用

六角井戸
奈良時代の貴族、橘諸兄宅にあったとされる（京都府綴喜郡井出町）

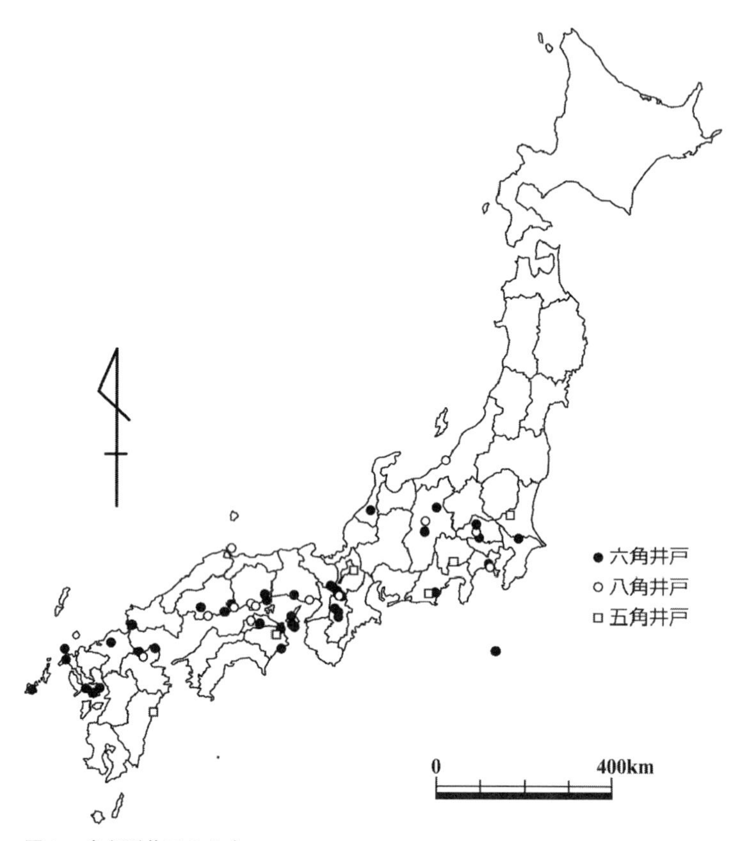


図1　多角型井戸の分布

## （1）はじめに

日本では、縄文時代のはるか昔から地下水が生活や農耕に利用され、多様な水文化が形成されてきた。中でも、井戸は地下水を利用する上で欠かせないものであり、日本のみならず世界各地に無数に存在している。この井戸の地上部分を井筒（あるいは井桁）、地表面から下の部分を井戸枠と呼ぶが、昔から井筒の形は、その材質（木材、石）に基づく技術的制約から四角形、もしくは円形が一般的である。しかし日本各地には主に六角形とした多角形の井筒を有する井戸（写真１）が、現在把握しているだけで70ヶ所ほど存在している。日本では八は縁起の良い数字として使われるが、六は神聖な数として知られている一方で、墓や地獄等といった事象に通じる数として認識されている。そのような意味を無視しても、何故技術的に困難な六角形の井筒を作ったのかへの疑問が残る。そこで、日本各地の六角井戸を探し歩いて、その建造の経緯、利用法等を調べてみたところ、特定の意味ではなく、様々な地下水利用の一側面を垣間見られることが分かった。なお、これまでの調査によって多角型の井戸は、主に六角形が72％を占めるが、中には五角形が８％、八

写真１　権現さんの井戸（徳島県由岐町）

角形が20％を占めている。三角形や九角形、十二角形の井戸等もあるようだが、確認できていないので、本章では、五、六、八角形の井戸を対象として話を進める。

また、論文により若干の混同が見られるが、井筒とは、井戸の地上部分の囲いのことを指し、井戸枠とは、地表面から下の部分の枠のことを言う。

### （2）歴史時代の井戸枠とその研究

歴史時代の井戸の研究と言えば、山本博（1970）『井戸の研究』、日色四郎（1967）『日本上代井の研究』を挙げることができる。これらの研究は詳細な民俗学的、考古学的分野の精力的な研究成果に基づき記述されているが、この中には橿原遺跡等で発掘された六角井戸等の記述があるものの、六角形にした理由についての説明は見られない。秋田（2010）は、上記の研究を踏まえて、幾つかの歴史時代の六角井戸について次のように考察している。

①貴族や武家屋敷の非日常性のある井戸（京都の町屋等）

②財力のある商人や職人層の屋敷地にある井戸（草戸千軒遺跡）

③道教や仏教思想、あるいは祭祀的な利用（古代の遺跡）

古代、中世、近世の井戸を同列に並べて考えることはできないが、六角井戸の建造理由を明らかにする上で興味深い説となっている。

鎌倉から室町時代に広島県東南部福山市の芦田川河口付近に発達した草戸千軒遺跡には200基もの井戸が確認され、その中に六角井戸や八角井戸、二十二角井戸等も見出された。これらの井戸群は生活用水として利用されたと見られるが、中には１m間隔で四角、六角、四角と並んでいる井戸があり、祭祀用に利用されたものと考えられている（岩本、2000）。また、2011年３月４日の朝日新聞記事によると、平城京最大級の六角井戸が朱雀門近くで発見されたと報じており、何らかの儀式に使われたのではないか、という奈良文化財研究所のコメントを載せている。この井戸は非常に珍しい構造をしており、地表面から１mの深さまでは１辺2.4m余りの四角形の井戸枠で、そこから2.1mまでが、１辺１mの六角の木枠となっている。六角部分は一般的な六角井戸が木製の桶を埋め込むような構造をしているのに対し、垂直の柱に溝を切って横板をはめ込む形となっている。

## （３）六角井戸の分布と幾つかの事例

### １）日本における分布

六角井戸を始めとした多角形井戸を様々な資料から見出し、現地調査によってその存在を確認したところ、2010年12月現在で、70ヶ所ほどを確認することができた。その分布図を図１（本章扉裏）に、五、六、八角型に分類し、各県別にまとめた表を表１に示す。多角形の井戸は、関東から沖縄まで全国各地に存在するが、その分布は京都・奈良、淡路島周辺、長崎・沖縄に集中する傾向が見られた。またその半数近くが海岸付近に存在し、弘法伝説のある井戸が６ヶ所あった。

表1　多角形井戸の県別分布数

| | 五角形 | 六角形 | 八角形 |
|---|---|---|---|
| 茨城県 | 1 | | |
| 埼玉県 | | 2 | 1 |
| 千葉県 | | 1 | |
| 東京都 | | 1 | |
| 神奈川県 | | 1 | 1 |
| 新潟県 | | | 1 |
| 山梨県 | 1 | | |
| 長野県 | | 3 | |
| 静岡県 | 1 | 1 | |
| 三重県 | | | |
| 滋賀県 | 1 | | |
| 京都府 | | 3 | 1 |
| 兵庫県 | | 4 | 2 |
| 奈良県 | | 4 | |
| 島根県 | | | 1 |
| 岡山県 | | 2 | 3 |
| 広島県 | | 10 | 1 |
| 山口県 | | 1 | |
| 徳島県 | 1 | 1 | |
| 香川県 | | | 1 |
| 福岡県 | | 1 | |
| 長崎県 | | 6 | |
| 大分県 | | 6 | 1 |
| 宮崎県 | 1 | | |
| 沖縄県 | | 5 | 1 |
| 計 | 6 | 52 | 14 |

中部地方以北の六角井戸は、もともとあった丸い井戸枠に後から六角形の井筒をつけたものが多く、厳密な意味で六角井戸とは言い難いものが散見された。とは言え、弘法大師や真田氏にまつわる井戸や、神聖な井戸として知られているものが多いことが特徴である。また、京都、奈良周辺地域は歴史上の人物や史実に基づいた井戸の傾向があり、史蹟となっている場合が多かった。

淡路島以西の井戸はその多くが海岸付近に存在し、日本書紀や古事記、風土記等に登場する古井戸であった。広島県と大分県の多角形井戸は、醸造用の地下水を汲み上げる井戸が多く、大分県には、宇佐神宮や北条時頼にまつわる井戸等も存在している。長崎県の井戸は瀬戸内海周辺の井戸と同様、海岸付近に見られるが、そのほとんどが中国人の築造によるもので、南蛮貿易船等へ水を供給したという史実が見られる。

### 2）築造事例

平成の名水百選にも選定された長野県松本市の「源智の井戸」（写真2）は木製の井筒による八角井戸の形態をとっている。『善光寺道名所図会』によると、源智の井戸は当時六角井戸として描かれている（中村、1972）。源智の井戸は松本市中の酒造をすべてまかなっていたとされ、代々の領主が制札を出していたと言う。自噴井戸から湧出する地下水を木製の井筒で囲っているものなので、厳密な意味で六角井戸とは異なる存在であるが、醸造用水として利用できる水質の良い地下水の指標という意味では、その分類に入れることのできる井戸である。

長崎県平戸にある「六角井戸」（写真3）は、唐人関係、倭寇関係遺跡として伝承されている。この井戸の付近が明との交易時代外国商人の居住地であったという推測もなされており、水を各方面から一時に汲むのに便利なように六角形にしたとも

写真2　源智の井戸（長野県松本市）

写真3　六角井戸（長崎県平戸市浦の町）

言われている。同じ長崎県福江にある「六角井戸」は倭寇時代の代表的遺跡となっている。福江のある五島列島には倭寇時代に関連した遺跡が数多く残されているが、六角井戸はその代表的なものである。唐人町にある六角井戸は、五峰王直らの明国人が飲料用水や船舶用水の目印として造られたと伝えられており、中国では六の意味合いが日本とは異なり八に近いと言われている。この六角井戸は六角形の板石で井筒を形成し、井戸の中も水面下まで六角形の井戸枠が板石で造られている。

### 3）海外の事例

酒井（1966）・鐘方（2003）によると、新羅時代の韓国で作られた内東面九黄里の芬皇寺の井戸が八角形であり、扶余神官神域で発掘された百済時代の八角井戸の流れを汲むものである、と述べている。この井桁の材質は花崗岩であり、八角にするための高度な加工技術を有していたものと考えられる。また、中国酒泉市のシンボルである酒泉は八角形の井筒を持つ井戸状湧水である。中国や韓国の聖なる水には六角形、八角形の井筒を作る傾向が見られる。タクラマカン砂漠のオアシス都市カシュガル西方オパルの墓地にある泉も八角形の囲いがあった。八角形は道教の宇宙観を示すとされること、六は日本の八と同じように目出度い数字として考えられていることが、その理由として挙げることができるだろう。

## （4）六角形の意味するところ

### 1）数から見た六角井戸の意味

日本では、八や七・五・三は幸福祈願の数字（飯島、1999)、四や九は死や苦しみ、六という数字は一般的に聖なる数、死へ通じる数等として使われ、前者の意味では、お寺の経堂の多くが六角堂となっていることが知られている。日本のみならず、世界各地でも数字にはそれぞれ意味付けがなされ、日常生活に深く入り込んでいる。数の意味で六角井戸をとらえた場合、そこには「六」本来の意味とは別の、特別な意味があると考えられる。

日本八景、百名山、三大○○、等といったような数詞を用いた表現を名数と呼び、古くから多くの例が伝えられてきた。名数の記述は「枕草紙」が日本で最初と考えられる。15世紀後半には、名数だけを集めた書物が刊行され、江戸時代になると盛んに名数書が作られた。水に関する名数としては、七名水、三名水等を挙げることができるが、面白いことにこれらが日本各地で見られるのに対して、六名水は日本にある９ヶ所のうちその７ヶ所が茨城県に集中していることが分かっている（河野、2002)。数字の意味と地域性に関係すると思われる例であるが、六角井戸の場合、数字がもたらす意味や人物、民俗性に密接な関係があるものと考えられる。

次に自然界に存在する六にまつわる現象について考えてみよう。

## 2）自然界に存在する六角形

自然界に存在する六角形を挙げてみると、雪の結晶や水晶の結晶、亀の甲羅、トンボの眼、ミツバチの巣等がある。珍しいところでは、土星の北極で発生する台風が六角形となっている。

①雪の結晶（六花・六出花）

雪の結晶は、古くは鈴木牧之（1936）が著した『北越雪譜』で紹介されているように、自然が形作る不思議な形として知られていた。雪の元となる水分子は、酸素と水素が120°で結合しており、これが雪の結晶を六角形とする原因であるとされている。

②亀の甲羅

六角形の甲羅を持つ亀は、日本では酒や水の神として祀られている。お酒の神として知られる京都の松尾神社には、酒造に関係する亀の井と呼ばれる湧水が存在する。

③ミツバチの巣

ミツバチの巣は中空の六角柱が平面状に数千個接続した、いわゆるハニカム構造となっている。航空機の外板に用いられるように強度に優れ、材料が最少で済むという特徴がある。六角柱は厚さ約0.1mmの壁でできており、奥行きは10–15mmある。当然ながらミツバチは意識して作ったわけではないが、後述する構造土と同様に円形構造を隙間なく詰めていくと、力学的に安定した六角構造となることが知られている。

④昆虫の複眼

昆虫の複眼は六角形、五角形、円形の個眼が組み合わせられて構成されている場合が多い。デジカメのCCDが六角形を隙間なく並べた構造となっていることから分かるように、光を効率よく取り入れる形が六角形であり、昆虫も長い進化の過程の中でこの形を取り入れているのであろう。

⑤構造土・柱状節理

群馬県白根山にある鏡池の湖底には六角形をした構造土（写真4）が見られる。『地形学辞典』（町田ほか、1981）によると、多角形の構造土は「おもに凍結作用によって形成される多少とも対称形あるいは幾何学的な形をした地表面の模様や微形態の総称。多角形土は凍結融解の繰り返しによる凍結割れ目に起因する。」等と説明されている。自然が作り出す造形には驚かされることが多いが、恐らく、自然の中に存在する整然とした六角形に、昔の人々は不可思議さ、自然への敬慕、恐れ等を感じ、神聖な形として認識していったに違いない。また、柱状節理（写真

写真4　鏡池の構造土（群馬県白根山）

写真5　白山川の柱状節理（大分県豊後大野市）

5）も六角形になる場合が多い。

以上のような自然の中に存在する六角形の中で、雪の結晶や亀はもともと水に関係するものであるし、複眼は眼病に効能のある伝説の水との関係が考えられるので、このあたりから六角井戸が造られた可能性はあるだろう。また、六角形の柱状節理は、浸食の激しい峡谷や海岸等で散見できるので、これらも水に関係する六角形であると言うことができるだろう。

## （5）六角井戸の種類と築造理由

### 1）人物に由来する神聖な水、霊水

関東から京都にかけての六角井戸は人物にまつわる神聖な井戸が多く、後述する海外に存在する多角形井戸にも同様のものが見られる。

①弘法大師由来の六角井戸

弘法大師が六角形の錫杖で掘った、と伝えられる六角井戸が、長崎県島原の「弘法井戸」、千葉県神崎町の「法乳泉」（写真6）である。弘法井戸は日本全国に1,500ヶ所ほど存在する日本を代表する伝説の水である。錫杖は仏教や山岳修験者が用いる杖であり、円形や四角のものがあるが、弘法大師は六角形の錫杖を利用したことから、

写真6　法乳泉（千葉県神埼町）

それを象徴するために六角井戸にしたものと考えられる。

②真田一族由来の六角井戸

長野県上田市にある真田一族の居城上田城にも「六角井戸」（写真７）がある。この井戸は、いざという時の抜け道として造られたと伝えられているが、六角形にした理由については知られていない。しかし、真田一族の家紋（幾つかある）の１つに六文銭がある。真田一族の家紋六文銭は真田幸隆の考案によるもので、六連銭（むつれんせん）とも言い、死者の棺に入れる六道銭を表す。六道とは仏道で言うところの、地獄、餓鬼、畜生、修羅、人間、天上の冥界のことで、六文銭とは三途の川の渡し賃のことであり、支払うことによって、死人は安心して冥土へ旅立っていけると言う。これを旗印に掲げるということは、「六連銭を携えているから、いつでも心おきなく死んでみせよう」という、兵士の「不惜身命」の覚悟を表したものと言われている。

写真７　真田井戸（長野県上田市）　上田城から太郎山への秘密の抜け穴ともいわれている

③六に拘わった平清盛と八を重んじた聖徳太子、そして天皇

平清盛は六にまつわる人物で、六波羅、六条河原（処刑場）等を挙げることができる。京都には多くの六角井戸が存在するが平清盛との関係があるかどうかははっきりしない。面白いことに前述した六名水が集中して分布する茨城県は、平清盛の先

写真８　六角井戸（京都府井出町）

祖に当たる平将門が治めていた土地である。なお西洋でも六は不吉な数字として知られている。

一方、聖徳太子は八に拘りのある人物で、法隆寺夢殿に見られる八角形の建造物はその代表である。平城京跡で六角井戸や八角井戸が多数発見されているのは、聖徳太子と関係があるのではないだろうか。

京都府南部の井出町にある「六角井戸」（写真８）は、天平時代の左大臣、橘諸兄の別荘にあった井戸で、「公の井戸」とも呼ばれる。この別荘には聖武天皇が訪れ飲用したと伝えられている。

### ２）南蛮貿易船等への水汲み井戸

瀬戸内海から長崎県にかけて数多くの六角井戸が築造されているが、その多くが海岸付近に存在している。これらの六角井戸は、主に南蛮貿易船等の船舶に水を供給する目的で造られたものである。数ヶ月の航海途中に腐らない水を供給できる井戸の目印とされた井戸と考えられる。六角井戸の水質分析も実施しているが、海岸付近に存在している井戸は、そのほとんどが人為的汚染を受けているため、腐りにくいかどうかは確認できなかった。

また、長崎県平戸と福江島にある「六角井戸」は前述したように中国人によるものである。中国では、日本とは異なり、六は日本の八と同じように末広がりの目出度い数字として認識されており、中国本土にも多数の六角井戸が存在する。

### 3）隣接地域同士での水利権の取り決め

神奈川県鎌倉市小坪海岸に「矢の根井戸」と呼ばれる六角井戸（実際には八角）がある（写真9）。この井戸は、保元の乱（1156）で名を残した弓の名手源為朝の伝説がある。流罪となった為朝が伊豆大島から鎌倉に向けて矢を放ったところ、この地に刺さり、泉が滾々と湧き出たことから矢の根井戸と名付けられたという。

写真9　矢の根井戸（神奈川県鎌倉市）

この井戸が何故八角形をしているかは、特殊な理由がある。この井戸は、鎌倉と小坪集落の間に存在している。近所の女性たちが朝夕にこの井戸の水を汲みにやってくるが、いわゆる水争いが生じることから、八角の二辺を

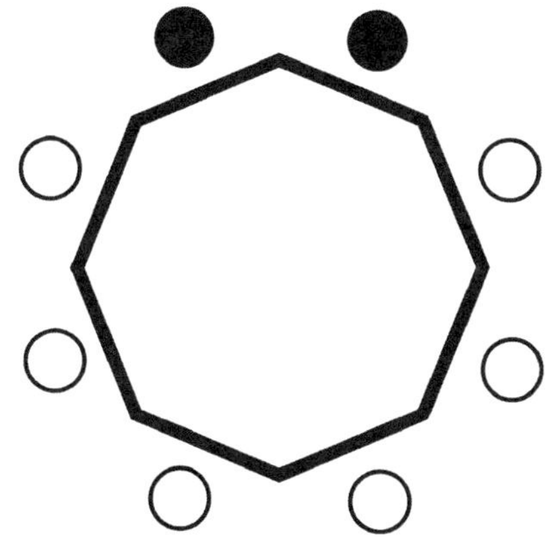

図2　矢の根井戸の水利用　小坪（●）2人と鎌倉（○）6人が同時に井戸水を汲み上げできる

小坪側、六辺を鎌倉側が使用する水利権を表すために築造されたのである（図２）。この利用方法は、朝夕に井戸の利用が集中する際の合理的な水利用対策となっている。これは、日本各地に見られる六角井戸の最も実用的かつ合理的な築造理由であろうと考えることができるが、現在確認できているのはこの１ヶ所のみである。

### ４）材質による造作理由

沖縄県にも多くの六角、八角井戸が存在する（写真10）。沖縄はもともと円形の井戸を利用し、戦前は井筒がないものが多かったと言う。戦後、子供の落下事故を防ぐために井筒を造り始めたが、その際、井筒を造る材料として無尽蔵に利用できる石灰岩のブロックを使用した。石灰岩は非常に柔らかい岩石であるので、四角い井筒を造るために長方形のブロックにすると割れてしまうことが多い。また、その体積が大きくなることから、割れにくいサイズの最小限のブロックで築造する場合に、小型の井戸は六角形、大型は八角形にすると効率がよい（宮崎、2000）。そこで、比較的新しい井戸は、その多くが六角形、八角形となっている。石の文化圏に属する沖縄ならではの井戸と言えよう。

写真10　タチガー（沖縄県国頭村）

しかし、琉球最後の国王・尚泰の四男尚順男爵にまつわる那覇市首里桃山町にある松山御殿には「佐司笠樋川（サシカサヒージャー）」と呼ばれる大量の湧出が見られる湧水と、「世果報御井（ゆがふうかぐわー）」と呼ばれる六角井戸が存在している（長嶺、1992・1998）。この井戸は写真で見る限り、井筒のない井戸枠のみの小さなもので、子供が落ちる心配のない井戸となっている。この井戸については調査する機会に恵まれていないものの、松山御殿の性格から考えると、祭祀用と見るのが妥当であろう。

### 5）酒造用六角井戸

日本各地の酒造メーカーに行くと、酒の醸造用に利用する井戸に六角井戸（写真11）が散見できる。広島県西条市白牡丹酒造内には5ヶ所もの六角井戸がある。現在の井戸は、後年になって造作された物だが、開業当初から六角井戸であったと言う。何故六角にしたかは伝えられていないものの、酒造りは神事に始まり神事に終わるという。ある杜氏から酒の神様は亀なので、その甲羅をかたどっているのでは、とのヒントを得た。そこで、酒の神様の総元宮である京都の松尾神社を訪ねてみた。ここには亀の井戸という湧水があった。この井戸は、若水として醸造元の杜氏が持ち帰り、酒樽に入れると良い酒ができるという神事に使われている。なお、松尾神社の紋は二重亀甲であった。

写真11　白牡丹酒造にあるいちの水（広島県西条市）

酒造に用いる水は鉄分を含まない等非常に特殊な水質を示す地下水が用いられている。したがって、その目印として六角井戸が造られたと考えれば、その理由は納得できる。しかも、亀の井の水質を調べたところ非常に面白い結果が出た。日本に存在する陸水は、カルシウムイオンがマグネシウムイオン濃度より高いのが一般的であるが、この亀の井戸は、マグネシウムイオン濃度が高くなっていた。硬水である宮水が灘の辛口の酒を造ったように、マグネシウムイオン濃度が高い水を酒樽に入れることが、良い酒を造る方法であった可能性がある。

奈良県酒船石遺跡の湧水施設では、酒船石付近の湧水を水路で導水し、亀形石から流出させている遺跡が発見された（金関恕、2001）。これは大阪四天王寺の経木流しと同じ形式である。経木流しとは、供養のため経木に死者の戒名を記して川や海に流すことで、春秋の彼岸や盆に四天王寺金堂脇の亀の井の水で行われる行事のことを言う。「亀」は水の世界や祝意の象徴であり、水に対する信仰を表している。

## （6）六角井戸研究の諸問題

### 1）井筒・井桁と井戸枠の問題とその材質

六角井戸を造る理由は様々であることが分かってきたが、まだ解明せねばならない問題がある。例えば、ほとんどの六角井戸は、地上部分の井筒だけが六角形で、井戸枠は円形になっている。しかし、中には井戸枠まで六角形になっているものがある。福岡県宗像市にある「辻井戸」（写真12）と呼ばれる六角

写真12　辻井戸（福岡県宗像市）

写真13　レンガ積みで六角井筒となっている辻井戸の内部

写真14　古庄家の井戸（大分県姫島村）

写真15　古庄家の井戸の内部

写真16　埼玉県深谷市の民家にある素焼きの井筒

井戸は、石製の井筒に対して、井戸枠を小さな煉瓦を積み上げて六角形としている（写真13）。井戸枠は土圧により崩れやすいので、補強のために石やコンクリート等で円形に作ることが普通である（鈴木、2000）。この井戸はどのような理由により、崩れやすいレンガで六角形にしたのであろうか。辻井戸の井筒が石製、井戸枠が煉瓦積みであるのに対して、大分県姫島村にある六角井戸（写真14）は、井筒が煉瓦積み、井戸枠が石積みの六角形（写真15）となっている。この井戸は姫島の庄屋宅にあり、その財力の象徴として築造されたと考えられるが、その材質を利用した理由については不明である。

一方、井筒の材質も研究すべき要素が残っている。昔の井筒は、桶を作る技術を応用した、木製の円形が多かった。時代が下がるにつれて、石積や煉瓦、コンクリート製の井筒へと変化していった。多角形井戸ではないが、埼玉県深谷市には地場産業である煉瓦を組み合わせた井筒や素焼きの円形井筒（写真16）等が散見される。これらの材質の変遷や多角形井戸との関係も今後解明すべき問題となるだろう。更には井筒や井戸枠の材質と地質との関係も明らかにする必要がある。

### 2）六角形以外の多角形井戸

他の問題として、六角、八角形以外の多角形の井戸の存在理由がある。その最たるものは五角井戸である。現時点で6ヶ所の五角井戸の所在を確認し、静岡、徳島、宮崎の五角井戸について現地調査を行った。

宮崎県日向市の米山稲荷にある井戸は五角形であり、稲荷神社と言えば狐である。未調査ではあるが、茨城にある猫島神社の五角井戸は、安倍晴明にまつわる井戸であることが知られている。安倍晴明は平安時代の陰陽師で、母親は狐の化身と言われている。安倍晴明は狐と関係の深い人物であり、その家紋が五芒星であることから、五角井戸はその印としていると推定できる。しかし、徳島県徳島市にある「五角井戸」（写真17）は、ちょっと変わっている。この井戸のある大泉神社は俗説ではあるものの卑弥呼伝説があり、卑弥呼の墓と呼ばれる五角形の墓がある。その墓から境内の少し奥に五角井戸がある。この井戸は直径約70cm、深さ1mほどのごく小さな井戸であるが、樽のような構造の円形の井筒の外側を五角形の井筒が覆っている。神社の由来といい、何かしら神聖な意味が込められて造られた井戸であると考えられる。静岡県菊川市にある五角井戸は潮井戸と呼ばれ、塩水の湧出する井戸となっている（宮地ほか、2006）。安原他（2006）によると、塩水が湧出する井戸は日本各地で知られているが、これまでに訪れた塩水井戸で六角や五角井戸となっている井戸は皆無であった。塩の結晶は六面体であるので五角形にした理由は不明であるが、塩水井戸はいずれも神聖な井戸とされていることから、そのような意味が込められていると考えられる。

写真17　五角井戸の内部（徳島県徳島市大泉神社）　五角形のコンクリート製井筒の中に非常に古い円形木枠の井戸枠がある

写真18　三角井戸（東京都文京区）

また想定外ではあったが、東京都文京区目白台の清土鬼子母神堂には「三角井戸」（写真18）が存在する。その由来は「雑司谷鬼子母神略縁起」（1561）に記述がある。

「雑司谷鬼子母神略縁起　恭しく当社の来由を考るに人皇百七代正親町院の永禄四年辛酉五月十六日土人山本氏なる者ありて、田面の耘せる折から（尊神出現の旧跡ハ今叢祠となし清土町の側にあり。祠前の井戸を三角の井とひ又ハ星跡とも云、是則出現の旧地也）塊の如き物ありて鍬に掛りたるを怪しみて取揚見るに木像なりければ携へ帰りて東陽坊の（今の大行院これなり）五世日性大徳に見せけるに定めて仏像也とも見分かち難けれハまづ其儘に仏壇の側に安置し等閑に十とせ余りを過けるが、天正の頃に至り安房の国より来りて日性に奉仕せる僧あり。此僧彼像の霊仏ならんことを知りてや竊に盗ミ取りて本国に立帰りぬ。然るに此僧何となく物狂しき病発りて口走りけるハ我は元武蔵国雑司谷の鬼子母神也、往昔名家に崇敬せられし事の縁ありて久しく泥土に埋れ隠れしかども今彼地の機縁已に熟し済度の期を得るを以って再び出現せしを、此僧故なく誘ひ来りこそ安からね、速に彼地に送り還すべし。さらすハ此里人らにも祟あらんずるぞと、有けれバ国民ハ大ニ驚き恐れ、さらバ託宣の儘に尊像をバ送り還し奉るべしとて急ぎ艤して房州を出帆し当所東陽坊のもとに送り参らせ云々のよしを述べるにぞ、初て尊神の霊像なることを知りて随喜に堪へず、頓而祠をも造営せんと議けるに古より稲荷の社跡とて叢林の有けれハ（今堂の巽に稲荷を勧請す則当社の地主神なり。）爰こそよかれと人々打寄て荊棘を芟夷き天正六年戊寅五月朔日経営成就し良辰を以て尊像を遷座し奉り、永く一郷の産神と仰き奉りぬ。～中略～雑司ヶ谷鬼子母神出現所　本浄寺より南にあり、この地を清土といふ。蒼林のうちに小社あり。すなはち、雑司ヶ谷鬼子母神出現の地にして、同じ神を鎮れり。社前にあるところの井泉を星の清水と号く。往古鬼子母神出現の頃、この井に星の影を顕現せしことありしゆゑに、名づくるといへり（その井桁の形三稜なるゆゑに、土俗、三角井とも字なり）。」とある。

この三角井戸は、「星跡」と言われている井戸で、見つかった鬼子母神像をこの井戸で洗ったと伝えられている。三角にした理由ははっきりしないものの、星を形どったものと考えるべきであろう。

### 3）その他の問題

ある地域では、身分が上がるほど自宅に六角井戸を造るようになり、井戸枠を朱塗りにするという情報を得た。朱は水銀を利用した染料であり、閼伽水や密教に通じる色である。六角形は神聖な形ということがここでも想定されるが、今後現地調査を経て、その理由を明らかにしたい。

更に、六角井戸がいつ頃から造られるようになったのかという問題もある。平城京跡から発見された六角井戸が恐らく最古のものと考えられるが、盛んに造られるようになったのは、草戸千軒遺跡の例で見られるように、鎌倉時代以降であろうと考えられる。しかし、北陸中世考古学研究会（2001）による詳細な報告書の中には膨大な井戸の発掘例が紹介されているものの、六角井戸はたった1ヶ所のみが紹介されているに過ぎない。

海外に目を向けると、やはり多角形の井戸が多数存在する。前述した中国の六角井戸や、イギリスやアイルランドにはHolly Well、あるいはSacred Wellと呼ばれる神聖な井戸に多角形のものが散見され（Quinn, 1999: 榮森、2001）、星形の井筒をしたものも知られている（Jones, 1998）。

## （7）六角井戸のまとめ

日本全国に無数に存在する井戸の形として、非常に特殊な存在である六角井戸について考察を行った。日本各地の名水を訪ね歩いていると様々な地下水利用や水文化に出会うことがある。滋賀県高島市の「かばた」や自噴井戸、塩水井戸、まいまいず井戸等、枚挙にいとまがないほどであるが、見落としがちなものがこの六角井戸であろうと思う。筆者もそれほど気にとめているわけではなかったが、たまたま数に関係する水文化を考察する機会に恵まれた際に、六角井戸に行き当たった。その際、これまでの調査や資料等を探してみると、多くの六角井戸が存在していることが明らかとなってきた。

一般的な井筒や井桁はその材質に基づく技術的制約から四角形、もしくは円形にするのが一般的である。しかし、主に5つの理由から六角井戸が築造されたことが明らかとなった。また、五角形や八角形の井戸の築造についても、それぞれ固有の理由が存在することが判明した。その分布は主に西日本に偏在しているが、決して日本固有のものではなく、海外にも多くの六角井戸が存在していることが明らかとなってきた。

六角井戸を始めとした多角形井戸は、まだまだ解明すべき点が多いものの、地下水を利用する上でその存在は際立っており、実用的な意味でも新たに築造されておかしくない存在である。今後も多角形井戸の発見に努め、その築造理由を明らかにしていく必要があるだろう。

## （8）まいまいず井戸

### 1）まいまいず井戸とは

まいまいず井戸とは、台地や砂地海岸等で地下水位が深く、井戸を掘ることが困難な場合に、すり鉢状に掘った井戸のことを言い、多くの場合螺旋状のスロープもしくは階段で降りられる構造の井戸のことを指す。「まいまい」とはカタツムリの意味であるが、その殻の形に似ていることからまいまいず井戸と呼ばれるようになったという説と、井戸底まで回りながら参る、という意味からまいまいず井戸となったと言われる説がある。まいまいず井戸は昔から知られているものの、研究された例が少なく、桜沢（1981）、石川・岩屋（2000）等が散見されるのみである。そこで、様々な文献資料からまいまいず井戸らしきものを探してみると、30ヶ所ほどの井戸が判明した（表2）。半分以上は埋立てられて現存していないものと見られるが、その

表2　まいまいず井戸一覧

| No | 地点名 | 所在地 |
|---|---|---|
| 1 | まわり井戸 | 群馬県みどり市笠懸町久宮 |
| 2 | めぐり井戸 | 群馬県みどり市笠懸町久宮 |
| 3 | 七曲井 | 埼玉県狭山市北入曽字堀難井 |
| 4 | 堀兼の井 | 埼玉県狭山市堀兼 |
| 5 | 堀兼の井 | 東京都新宿区納豆町牛込付近 |
| 6 | 八つの井戸 | 東京都 |
| 7 | 極楽の井 | 東京都文京区小石川 |
| 8 | 蜘蛛の井 | 東京都 |
| 9 | 麹町の井 | 東京都千代田区神田 |
| 10 | 亀の井 | 東京都 |
| 11 | 油の井 | 東京都港区芝 |
| 12 | 策の井 | 東京都新宿区四谷 |
| 13 | 野中の清水 | 東京都台東区谷中 |
| 14 | 堀兼の井 | 東京都新宿区市ヶ谷船河原町 |
| 15 | まいまいず井戸 | 東京都立川市昭和記念公園 |
| 16 | まいまいず井戸 | 東京都府中市郷土の森公園 |
| 17 | まいまいず井戸 | 東京都多摩市連光寺 |
| 18 | まいまいず井戸 | 東京都あきる野市（旧秋川市） |
| 19 | まいまいず井戸 | 東京都羽村市五ノ神 |
| 20 | メットウ井戸 | 東京都八丈島八丈町大賀郷 |
| 21 | 開島の井戸 | 東京都新島新島村式根島南東岩 |
| 22 | 原町の井戸 | 東京都新島新島村西海岸 |
| 23 | 下り井 | 東京都新島新島村若郷 |
| 24 | 下り井 | 東京都新島新島村若郷 |
| 25 | まいまいず井戸 | 東京都式根島新島村東要寺 |
| 26 | 心水の泉 | 徳島県徳島市国府町芝原 |
| 27 | 下り井 | 香川県小豆郡内海町草壁本町 |
| 28 | 杖のはな | 香川県仲多度郡仲南町久保 |

水資源および民俗学的な価値から、史跡として残されているものも少なくない。私は徳島県で無名のまいまいず井戸を見つけたが、残念ながらゴミ捨て場として利用されていた。

東京都JR羽村駅前にある「五ノ神まいまいず井戸」（写真

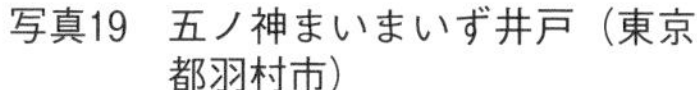

写真19　五ノ神まいまいず井戸（東京都羽村市）

写真20　七曲井（埼玉県狭山市）

19）は中でも特に有名で、直径16m、深さ４mほどの日本に現存するまいまいず井戸の中で最大級のものである。

狭山市にある「七曲井」（写真20）は螺旋状ではなく、七曲の階段になっている珍しいまいまいず井戸である。少し長くなるが狭山市のHPによると、「北入曽にある七曲井は、すり鉢の形をした古代の井戸で、武蔵野の歌枕として名高い「ほりかねの井」の１つと言われています。この井戸は昭和45年（1970）に発掘調査が実施され、すり鉢部の上部直径が18～26m、底部直径が５m、深さが11.5mで、井筒部はほぼ中央にあり、松材で組んだ井桁から成っていることが分かりました。また、井戸へ降りる道筋についても、その入口が北にあり、上縁部では階段状、中途から底近くまでは曲がり道となっていることも判明しました。しかし、井戸が掘られた時期については特定することができませんでした。それは、これまで何回も修理を繰り返して使用してきたためで、史料によれば、最後の改修は宝暦９年（1759）となっています。

発掘調査による考古学的見地から解明された七曲井について

は以上のとおりです。しかしながら、この井戸が掘られた時期が全く不明かというと、そうでもありません。それを解明する手がかりは、井戸の所在地が「北入曽字堀難井」にあることです。「堀難井」は、現在は「ほりがたい」と呼ばれていますが、地元では古くから「ほりかねのい」と称していました。文法的に見ても『難』は自動詞下二段活用の語「難（かぬ）」であり、『大言海』にも「常ニ他ノ動詞ト、熟語トシテ用ヰ、遂ゲ得ヌ意ヲ云フ語。能ハズ」とあるので、堀難は「ほりかね」と読むのが正しいと思われます。

「ほりかねの井」が我が国の文献に現れるのは、平安時代前期の女流歌人である伊勢により、「いかでかと思ふ心は堀かねの井よりも猶ぞ深さまされる」の１首が詠まれてから以後で、清少納言が著した『枕草子』にも、「井は堀兼の井。走井は逢坂なるがをかしき。山の井。さしも浅きためしになりはじめけん。」とあり、天下の第１位に「ほりかねの井」を挙げています。伊勢の生没年は不明ですが、活躍した年代が宇多天皇の在位期間（仁和３年～寛平９年、887～897）であったこと、『枕草子』がまとめられたのが11世紀初頭であったことを考えると、七曲井は平安時代にはすでに存在していたと言えます。

また、延長５年（927）に完成した『延喜式』巻50・雑式を見ると、「凡諸国駅路植菓樹、令往還人得休息、若無水処、量便掘井」とあります。これは、「諸国の駅路には果物の実る木を植え、旅人に休息の場を与えるとともに、飲み水のないところには井戸を掘りなさい」という意味ですが、七曲井の脇を通る道が中世は鎌倉街道、古代は入間道であったことを考えると、遅くとも９世紀後半から10世紀前半にかけて、武蔵国府の手により掘られたと考えることができます。」とある。

写真21　堀兼の井（埼玉県狭山市堀兼）

この２ヶ所の井戸と「堀兼の井」（写真21）を合わせて関東の三井戸と言う。この三井戸はいずれもまいまいず井戸の１種であることは興味深い。

武蔵野の歌枕として知られる「ほりかねの井」は、堀兼の井が相当するのかははっきりとは分からないようであるが、多くの歌人が取り上げていることと、七曲井の記述から、まいまいず井戸は平安時代以前かなり古い時代から知られていたと考えられる。

（参考：三井戸をうたった和歌や文章）

いかでかと思ふ心は堀かねの井よりも猶ぞ深さまされる（伊勢）

汲みてしる人もありけんおのずから 堀兼の井のそこのこころを（西行）

井はほりかねの井。玉ノ井。走井は逢坂なるがをかしきなり。（清少納言）

はるばると思ひこそやれ武蔵野のほりかねの井に野草あるてふ（紀貫之）

武蔵野の堀兼の井もあるものをうれしや水の近づきにけり

（藤原俊成）

まいまいず井戸のもう１つのパターンは砂地の海岸等で、井戸が掘りにくい場合に見られるものである。東京都の新島にある「原町の井戸」がその代表的なものである。現在、これらの井戸は埋め立てられるか、ごみ捨て場として利用されている場合が多く、現存するものは少なくなっている。

## ２）まいまいず井戸の不思議

このまいまいず井戸で注目すべきは、ほとんどすべての井戸が入口から見て右回りに降りていく構造になっていることである（写真22）。左回りのものは私の知る限り１ヶ所しかなく、その理由は不明である。日本では右利きの人が多いので、掘る際に右回りのほうが有利であるとか、真っ暗な階段を降りる際に、利き足が右の人の場合に、踏ん張りの利く右側に井戸のあったほうが楽に降りられる、等が考えられるが、決定的な理由は見つかっていない。

１つのヒントが、イタリアのオルビエト市にある「聖パトリック井」にある。高村（1983）によると、この井戸は深さ63m、直径11mの巨大な井戸であり、井戸というよりはピサの斜塔をそのまま地下に埋めてしまったといったほうがイメージしやすいだろう。

写真22　まいまいず井戸（徳島県徳島市）

この井戸は、井戸底に降り

るための二重らせんの階段を有しているが、降りる階段と上る階段が独立している。どちらも右回りとなっており、やはり真っ暗な階段を下りていく際に利き腕の右手を空けておき、左手で階段の壁を伝わっていったのではないかと考えられる。井戸ではないが、国宝となっている会津のさざえ堂（写真23）も右回りの二重螺旋スロープとなっていることは大変興味深い。

写真23　国宝さざえ堂（福島県会津若松市）

### 3）まいまいず井戸類似の井戸

まいまいず井戸類似のものとして、階段状の井戸がある。香川県小豆島の「清見寺の下り井」（写真24）や沖縄県宮古島のウリガーに数例見られるが、圧巻はインド各地に数百ヶ所存在するバオリ（階段井戸）である。インドのラージャスターン州にあるチャン

写真24　清見寺の下り井（香川県小豆島）

ドバオリは、階段の総数が3,500、階数は13階建てになっており、深さは約30mに達している。本来の井戸とは仕組みが異なり雨季の雨水をためて利用するものであるが、地下に巨大な建造物が埋まっているとイメージすればよい。

### 参考文献

秋田裕毅（2010）：『井戸』，法政大学出版局，242p.
飯島吉晴編（1999）：『幸福祈願』，ちくま新書，218p.
岩本正二（2000）：『草戸千軒』，吉備人出版，159p.
門脇禎二（2002）：『飛鳥と亀形石』，学生社，208p.
鐘方正樹（2003）：『井戸の考古学』，同成社，207p.
金関　恕（2001）：『遺跡は語る』，角川書店，205p.
鈴木正貫（2000）：井戸桶と早桶．小泉和子編　『桶と樽―脇役の日本史―』，法政大学出版局，208-226.
河野　忠（2002）：七五三の名水とその成立過程．地域研究，Vol.43，No.1，p.46.
河野　忠（2006）：伝説伝承のある湧水と水文化．生活と環境，Vol.51，No.4，50-55.
酒井軍治郎（1966）　新羅時代の石井．地下水と井戸とポンプ，Vol.8，No.1，23-26.
榮森康治郎（2001）　『環境と水』，世界書院，300p.
鈴木牧之（1936）　『北越雪譜』，岩波文庫，348p.
中村安孝（1972）『善光寺道名所図会』，名著出版，481p.
長嶺　操（1998）　『琉球の水の文化誌』，沖縄村落史研究所，263p.
長嶺　操（1992）　『琉球の水の文化史』，ボーダーインク，188p.
日色四郎（1964）　『日本上代井の研究』，日色四郎先生遺稿出版会，201p.
北陸中世考古学研究会（2001）「中世北陸の井戸」，北陸中世考古学研究会，451p.

町田　貞ほか編（1981）『地形学辞典』二宮書店，780p.
宮崎興二（2000）『建築のかたち百科』彰国社，193p.
宮地直道ほか（2006）：静岡県菊川市における「潮井戸」の水質形成メカニズム．日本大学文理学部自然科学研究所研究紀要，No.41，187–198.
安原正也ほか（2006）内陸浅層部における高 Cl 濃度地下水の分布とその地球化学的特徴．第16回環境地質学シンポジウム論文集，157–162.
山本　博（1970）『井戸の研究』，綜芸舎，315p.
Quinn, P（1999）『The Holy Wells of Bath and Bristol Region』, Logaston Press, 246p.
Jones, F（1998）『The Holy Wells of Wales』, Univ of Wales Press, 192p.

# 第8章
# 日本各地の名水を歩く

老野湧水
往古より近隣住民の生活用水として大切に利用された名水
1985年久住山系硫黄岳の噴火前後で水量・水質に大きな変動が記録された（大分県竹田市久住町）

写真１　御台所清水（秋田県美郷町六郷）

### （1）はじめに

日本各地には無数の湧水や井戸が存在し、その多くが名水として地域の人々に大切に利用されてきた。これまでの研究生活の中で数千ヶ所の名水を調査してきたが、その中で印象に残ったものや面白いもの、興味深いものを紹介しておきたい。

### （2）秋田県六郷の名水

秋田県美郷町六郷は、丸子川が形成した扇状地末端に位置し、現在でも数十ヶ所の湧水が存在している。しかし、これらの湧水は多くの地下水が灌漑用水として取水され、涸渇の危機に瀕している。肥田（1988）は詳細な調査を実施し、人工涵養施設等も指導したが、地下水の回復は容易ではない。筆者は、2013年と2014年に訪れたが、夏季の灌漑が終了した時点であったので、多くの湧水に湧出が見られた（写真1）。町の中を湧水の清澄な水が張り巡らされて、流れていく景観は素晴らしいものである。また、この水を使用した、ニテコサイダーは地域の特産品として昔から有名である。このような景観とサイダーは未来永劫残してもらいたいものである。

## （3）鎌倉の名水

### 1）鎌倉五名水

「鎌倉五名水」または鎌倉五水は、江戸時代編纂の『新編鎌倉志』で選定された、神奈川県鎌倉市内の5ヶ所の湧水である。良質な水が得られるだけでなく、源頼朝や日蓮上人等の時の権力者や文化人の伝承・伝説の伝えられる名水である。鎌倉五名水は、「銭洗水」（銭洗弁財天）、「梶原太刀洗水」（朝比奈切通し）、「日蓮乞水」（名越切通し近く）、「金龍水」（建長寺）、「甘露水」（浄智寺）もしくは「不老水」（建長寺）である。このうち、建長寺境内にあったとされる金龍水は、道路拡張工事により埋め立られ、不老水は現存していない。

①梶原太刀洗水（写真2）

「梶原太刀洗水」は朝比奈切通しにある湧水で、梶原景時が上総広常を謀殺した後、その太刀を洗い清めた水という伝説が残されている。朝夷奈切通の堆積岩の互層から湧き出る水で、一見ごく浅い浅層地下水のように見えるが、ECの値が高く、ORPがマイナスを示すことから、深層地下水である可能性が高い。

写真2　梶原太刀洗水（神奈川県鎌倉市）

②金龍水

「金龍水」は建長寺門

前にあったが、道路拡張工事の際に埋められ現存しない。『新編鎌倉志』にも「建長寺の西外門の前にある」と書かれているが、1962年頃に埋められてしまった。門前の信号機近くの四角い舗装のところが水のあった場所と言われている。

③銭洗水

「銭洗水」は銭洗弁財天宇賀福神社の湧水で、源頼朝が霊夢に従い見つけたと伝わり、この水で銭貨を洗うと何倍にもなって返ってくると言われる。五代執権北条時頼は、霊水で金銭を洗い一族の繁栄を祈ったと伝えられている。

戦乱が鎮まり、源頼朝が民の加護祈願をしていたところ、文治元年（1185）巳の月の巳の日に宇賀福神の夢を見た。夢に現れた宇賀福神は、「西北の仙境に湧き出している霊水で神仏を祀れば、平穏に治まる」と頼朝に告げた。頼朝は早速泉を見つけ、岩窟を掘らせたのが銭洗弁財天宇賀福神社の始まりなのだと言う。

④日蓮乞水（写真３）

「日蓮乞水」は名越切通しにある湧水で、建長６年（1254）日蓮が名越切通を越えて鎌倉に入った時、持っていた杖を突き刺したら湧き出たと伝えられるが、現在は涸渇している。『新編鎌倉志』には、「日蓮乞水は名越切通に達する路傍の小さな井戸を云

写真３　日蓮乞水（神奈川県鎌倉市）

う。昔日蓮が房総より鎌倉に来る時、此処にて清水を求めしに俄かに湧出せしとなり。大旱にも涸れる事なしとぞ、鎌倉五名水の一なりと云う。」とある。石碑には、「南無妙法蓮華経日蓮水」と刻まれている。

⑤不老水

「不老水」は、建長寺にあったということは確かであるが、現在ではそれがどこにあったのか不明となっている。鎌倉学園のグランドの井戸、半僧坊へと上る石段の下の井戸、河村瑞賢墓にある井戸、仙人沢の傍らと様々な説がある。『鎌倉攬勝考』には、「異人がこの水を飲んで容貌が変わらなかった。」と書かれていることから、「不老水」と名付けられたものと言われている。

### 2）鎌倉十井

「鎌倉十井」は、鎌倉の観光名所とされた良質な水が湧いたり、伝説が残ったりしている井戸である。初出は江戸時代の『新編鎌倉志』である。

鎌倉では堆積岩の地質の特徴で地下水の水質があまり良くなく、湧出量が豊富で水質の良い水を得ることのできる井戸は貴重であった。こうした井戸の中から特に水質に優れた10ヶ所の井戸を選び「鎌倉十井」と呼んでいる。大切な水であったことから、当時は井戸に役人が常駐し、井戸の利用を管理していたらしい。

鎌倉十井には、「鉄ノ井」（鶴岡八幡宮そば）、「星ノ井」「（極楽寺坂下）、「棟立ノ井」（覚園寺）、「底脱ノ井」（海蔵寺そば）、

「瓶ノ井」(明月院)、「甘露ノ井」(浄智寺門前)、「泉ノ井」「(浄光明寺先)、「銚子ノ井」(長勝寺そば)、「扇ノ井」(扇ガ谷)、「六角ノ井」(和賀江島近く) がある。これら十井のうち、弘法大師が覚園寺に掘ったとされている「棟立ノ井」は場所が分からなくなっている。「銚子ノ井」は井戸跡のみが残る。また、現存する井戸は多いものの、様々な理由で採水不可となっており、現在でも実際に地下水を見ることができるのは、「底脱ノ井」、「甘露ノ井」、「泉ノ井」、「六角ノ井」の4ヶ所である。

①鉄ノ井(写真4)雪ノ下・小町通り

「鉄ノ井」は鶴岡八幡宮の手前を右に入った窟堂小路と交差した地点にある井戸である。傍らの石碑に、「この井戸の水質は清らかで美味しく、真夏でも井戸の水が涸れることはなかった。昔、この井戸から高さ5尺(1.5m)余りの鉄観音の首を掘り出したことから、この井戸を鉄ノ井と名付けた。正嘉2年(1258)正月17日午前2時頃に安達泰盛の甘縄の屋敷から出火し、折からの南風にあおられて火は薬師堂の裏山を越えて寿福寺に燃え広がり、総門・仏殿・庫裏・方丈等すべてを焼き尽くし、更に新清水寺・窟堂とその周辺の民家、若宮の宝物殿および別当坊等を焼失したと吾妻鏡に述べている。この井戸から掘出された観音像の首は、この火災の時に土中に埋めたのを、掘り出したもので、新清水寺の観音像と伝えられ、この井戸の西方の観音堂に安置され

写真4　鉄ノ井(神奈川県鎌倉市)

写真５　底脱ノ井（神奈川県鎌倉市）

た。明治に入り東京に移したと云われている。」とある。

②底脱ノ井（写真５）扇ヶ谷・海蔵寺

「底脱ノ井」は海蔵寺の山門入口右側にある小さな湧水である。傍らの石柱に「底脱ノ井」と記されている。その脇には「千代能がいただく桶の底ぬけて　水もたまらねは月もやどらず　如大禅尼」と刻まれた石碑が建っている。

『新編鎌倉志』には、「底脱ノ井は海蔵寺の総門の外、右手の方にある。言い伝えによると、昔上杉家の尼が参禅した際に、この井戸の水を汲んだ際に悟りを開き歌を詠んだ。「賎の女が戴く桶の底ぬけて、ひた身にかかる有明の月」このようなことから底脱の井と言われているとの説がある。

別説に金沢顕時の妻が後に尼となり、無著禅尼と号して仏光禅師に参禅した。無著禅尼の悟りの歌の石碑に「千代能がいただく桶の底脱けて、水たまらねば月もやどらじより底脱の井と名前が付けられたと言われている。」とある。

③泉ノ井（写真６）扇ヶ谷

「泉ノ井」は鎌倉駅北方の扇ヶ谷の少し奥にある。『新編鎌倉志』に、「泉谷は、英勝寺の東北の谷なり。（吾妻鏡）の建長４年（1252）５月26日、右兵衛督教定朝臣が泉谷の亭を壊して、御方達の本所とすとあり。是宗尊将軍（むねたかしょうぐん）の時也。御亭の跡、今所不知。路端に井あり。泉井と云う。清水涌出なり。鎌倉十井の一なり。」とある。

写真６　泉ノ井（神奈川県鎌倉市）

写真７　銚子ノ井（神奈川県鎌倉市）

④銚子ノ井（写真７）名越、別名「石ノ井」

「銚子ノ井」は五名水の日蓮乞水の手前、「大町五丁目自治会掲示板」の足元に「十井之一銚子井」と書かれた古い石柱があり、その奥に、石の蓋を被せた井戸のことを言う。この井戸には六枚の花弁の形をした蓋が乗せられている。蓋の直径は110cm もある。井戸枠も六角形をしており、内側は円筒状の石造りとなっている。枠手前の形から昔風の銚子に似ていることからこの名前が付いたと言われている。『新編鎌倉志』によると、「長勝寺内に岩を切抜いた井戸あり、鎌倉十井の一なり。」とある。また、『新編相模国風土記稿』によると、「銚子ノ井」は長勝寺の東方にあり、日連の供水と云う、寺伝には日蓮乞水と唱えるいえども、この井戸は近くにある同名の小井あるを、混じ誤れるならん。『新編鎌倉志』には、「長勝寺の境内に、岩を穿ちし井あり、石井と号す。鎌倉十井の一と記す。この井の事か。今は詳らかならず。」とある。

写真８　星ノ井（神奈川県鎌倉市）

⑤星ノ井（写真８）坂ノ下・虚空蔵堂、別名「星月夜ノ井」

「星ノ井」は極楽寺切通の登り口に虚空蔵堂の手前の道の脇にある井戸であり、「星月夜ノ井」または「星月ノ井」とも呼ばれていて、昭和初期頃までこの井戸水が売られていたらしい。『新編鎌倉志』によると「昔はこの井戸の中に、昼でも星の影が見えたのでこの名が付けられた。ある日、近所の人が誤って包丁を井戸の中に落としたので、この時以来星影が見えなくなった。」とある。『新編相模国風土記稿』によると「慶長５年６月に、徳川家康が京都からの帰り道に鎌倉に立ち寄り、その際に星月夜の井戸を見物してから雪の下に到着したとの記録があるので、昔から星月夜の井と言われたであろう。」と書かれている。

⑥六角ノ井（写真９）材木座、別名「矢の根ノ井」

「六角ノ井」は鎌倉市の南端、小坪付近の海岸段丘の上にある井戸で、「矢根ノ井」とも呼ばれている。六角の井は古くから使用されている鎌倉十井の１つで、『新編鎌倉志』には、「鎌倉の南に六角の井と云う名水があり、この井戸は鎌倉十井の

写真９　六角ノ井（神奈川県鎌倉市）

１つである。井戸の周りを石を用いて囲んでいる。」とある。

⑦瓶ノ井　山ノ内・明月院、別名「甕ノ井」

「瓶ノ井」は名月院の本堂左奥の石段の先、宗猷堂手前右手にある東屋風の屋根の下にある。傍らにある木製の掲示板に「瓶ノ井　鎌倉十井の１つ。岩盤を垂直に掘り貫いて作ったと見られ、その内部が水瓶のようにふくらみがあることから「瓶の井」と呼ばれた、鎌倉十井の中でも今なお使用できる井戸としては数少ない貴重な存在である。年代は江戸時代と伝えられる。」とある。

⑧甘露ノ井（写真10）山ノ内・浄智寺

「甘露ノ井」は円覚寺の境内への入口の池奥に竹で組んだ蓋のある井戸のことを言う。「鎌倉十井の一　甘露ノ井」と書かれた苔むした石柱が左に立っている。『新編鎌倉志』によると、「甘露の井は開山塔（蔵雲庵と名く。仏源の塔には非ず。真応禅師の塔なり。）の後に有る清泉を云うなり。門外左の道端に、清水湧き出でる。或いは是をも甘露ノ井と云うなり。鎌倉十井の一なり。」とある。『新編相模国風土記稿』によると、「甘露ノ井は方丈の後なる清泉なりとも、又門内に沸出する清水をも云うと云へり、鎌倉十井の一なり。伝に源頼朝、この井に貫高を寄付せしことありと云う。」とある。

写真10　甘露ノ井（神奈川県鎌倉市）

『新編鎌倉志』および『新編相模国風土記稿』のいずれも甘露ノ井は門の側と境内、

2ヶ所の井戸のことを指している。

⑨棟立ノ井　二階堂・覚園寺、別名「破風ノ井」

「棟立ノ井」のある覚園寺は真言宗の寺である。吾妻鏡の建保6年（1218）7月9日の条に「源　実朝が鶴岡に参拝し、随行した北条義時が参拝後に家に戻り、一眠りした際に、夢の中にて薬師十二神将の戌神が現れてお告げがあった。翌朝にこの地に薬師堂を建立した。」とある。『新編鎌倉志』には「棟立の井は覚園寺の山上にあり。相伝えるに弘法此の井を穿て、閼伽水を汲と云う。鎌倉十井の一なり。」とある。現在は山崩れのために失われており、確認できなくなっている。

⑩扇ノ井　扇ヶ谷

「扇ノ井」は岩船地蔵近くの飯盛山にある個人宅庭の岩盤をくりぬいた井戸である。『新編鎌倉志』には「この地に、飯盛山と云うあり。山根に岩を扇地紙の形に鑿、内より清水湧出。扇井と名く。鎌倉十井の一なり。」とある。『新編相模国風土記稿』には「飯盛山の麓にあり、岩穴中より清水湧出す、この岩扇の形に穿つ、故にこの名ありとぞ、十井の一なり。」とある。

⑪もう1つの鎌倉十井「十六ノ井」（写真11）

写真11　十六ノ井（神奈川県鎌倉市）

「底脱ノ井」がある海蔵寺境内の南の隅の岩窟の中に、鎌倉時代の井戸と言われる「十六ノ井」が湧出している。窟の中央に石造の観音菩薩像をまつり、その下に弘法大師像を安置している。井戸の名は窟底に直径70cm、深さ30cm くらいの16個の穴が、各々清冽な水を湛えていることから名付けられた。

伝承では金剛功徳水と呼ばれていて、『扇谷山海蔵略寺縁起』によると、開山の禅師が観音菩薩の夢のお告げ通りに井戸を掘り出し掃除をしたところ、観音菩薩像が現れ、窟中の水を加持して民に施したところ霊験あらたかであったと、伝えている。一説に納骨穴として掘ったところ水が湧き出したとも言われている。

### （4）越前大野市の名水

福井県の大野盆地には、古くから世に知られた多数の湧水がある。地下水位の低下していない当時には、現在よりも多くの湧水が存在していた。しかし、近年の地下水需要量の増加や降雪量の減少により、ほとんどの湧水で湧出量の減少や涸渇が見られるようになった。

ここで現地調査や大野市役所生活環境課（1988）等の資料により、大野盆地を代表する幾つかの著名な湧水を紹介する。

#### 1）御清水（おしょうず）（写真12）

「御清水」のある一帯は、現在泉町と呼ばれ、江戸時代武家屋敷が建ち並び、家中の人達が生活用水として御清水を使用していた。泉町は、江戸初期「日清水」という町名であった。昔から清水は住民と深い絆で結ばれており、武家屋敷の人達は、

写真12　御清水（福井県越前大野市）

常にこの清水を清潔に保ち、飲料水、果物等を冷やす所、野菜等の洗い場、等と不文律に定めて使用していた。その名残が現代の使用場所の制限となっている。御清水は、現在でも非常用水として重宝されているが、家庭の主婦達が漬物用の野菜を持って洗いに来て井戸端話に花を咲かせている。水温が12–14℃で、清浄な水という条件が良かったため、陸封型「イトヨ」（通称：ハリシン）が生息していたが、現在では見られなくなってしまった。湧出量の減少や利用方法の変化が原因であろうと考えられている。名水百選に選ばれたが、現在の湧出量は非常に僅かであり、昼間はポンプによって地下水を汲み上げ、臼から湧いているように見せかけているのが現状である。

「御清水」のある泉町一帯では、今でも庭に湧水池を持つ家庭があり、「こせき清水」「扇屋旅館」等が有名である。

### 2）本願清水（ほんがんしょうず）（写真13）

「本願清水」は天正３年（1575）に入国した金森長近が、住民のため、飲料水や生活用水として使うために整備した湧水池である。この本願清水の名前の由来は、昔この清水のある近くに、本願寺派の寺があったからということで付けられたと言われている。もう１つの説として、最初にこの清水に着目して掘り広めたのが杉浦壱岐法橋という一向一揆軍の武将で、自分の

写真13　本願清水（福井県越前大野市）

守る亥山城の周囲の濠水として引くためこの湧水池を掘り上げた時は、本願寺派の門徒衆の労働によってできたので「本願清水」と呼ばれたというものである。

近年の木本ヶ原の開墾と水田の乾田化や地下水位の低下によって本願清水は秋から春にかけてほとんど湧出しなくなっており、僅かに生息している「イトヨ」の絶滅が心配されている。

### 3）義景清水（写真14）

「よしかげさん」の愛称で呼ばれている朝倉義景公の墓地にある湧水である。湧出口の「臼」は昔の姿そのままであるが、湧出量はかなり減少したそうである。近所の人達は、当時は仏様のお花や掃除の水として利用し、朝起床するとすぐに、この冷たい水で顔を洗い、夏にはビール・西瓜・瓜等を冷やす等しており、この光景が夏の風物詩となっていた。臼のすぐ隣にある池には、「イトヨ」が生息しているが、この湧水でも湧出量の減少と水質の悪化により絶滅が心配されている。

### 4）篠座神社の弁天池（写真15）

大野市街地の南方、本願清水を西に見て更に南へ進むと式内社篠座神社がある。養老元年（717）の創建と伝えられる社の神域一帯が湧水地となっている。特に拝殿の右手、弁天池の臼

写真14　義景清水（福井県越前大野市）

写真15　篠座神社の弁天池（福井県越前大野市）

から湧き出る清水は「篠座目薬」と称し、眼病に効能があると伝えられ、遠く福井からも汲みに来るほど清浄で名高いものであった。

社殿の裏手、新庄へ向かう道との中間に、昔ながらの臼が２ヶ所残っており、湧出量も多く農家の人達が野菜を洗うのに利用している。

## （５）宮古島の名水

沖縄県宮古島には数多くの湧水・井戸があり、その分布を図１に示す。宮古島では井戸や湧水のことを「カー」もしくは「ガー」と呼ぶ。また洞井のことを「ウリガー」と言い、本土で言う「降り井」や「まいまいず井戸」と同じような形態を示している。宮古島の遺跡は14～15世紀まで遡ることができるが、そのほとんどが海辺に近い湧水の周辺に分布している。

古来、宮古島の人々はウリガーと天水を利用して生活していた。18世紀頃纏められた『雍正旧記』（1727）によると、当時

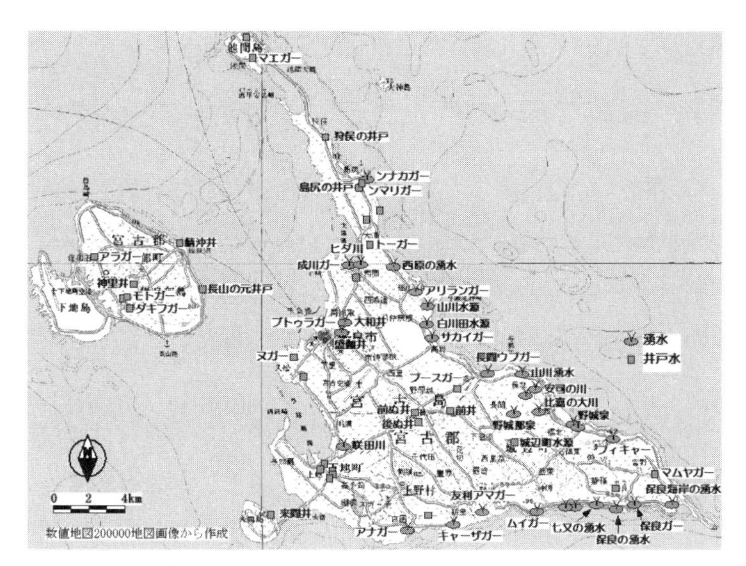


図１　宮古島の湧水・井戸の分布

の宮古八島31ヶ村にわたって川は31ヶ所、井は29ヶ所記されている。有名な井では、大和井、盛加井、友利アマガー、ムイガー、保良ガー等がある。また来間島には来間井、伊良部島には鯖沖井、モトガー、アラガーがあり、それぞれ島の人々の大切な生活用水として利用されてきた。

しかし、第二次大戦後、水道の急速な普及とともにカーは見捨てられ、場合によっては埋め立てられてしまったところもある。特に塩分の多いもの（伊良部島の鯖沖井等）や、水利用に不便な「ウリガー」の保全状況は非常に悪いといってよいであろう。しかし、現在でも利用されているカーは多く、農業用水や雑用水等に使用されている。

次に各名水の故事来歴について、長嶺（1992）、宮古郷土誌研究会（1999)、宮古島上水道組合（1967）等から紹介する。

### 1）大和井（ヤマトガー）

「大和井」（写真16）は1720年頃掘られたもので、ごく一部の役人が使用し、庶民には開放されなかったという伝承のある宮古唯一の井戸である。湧水の入口部には門扉を用いたと見られるかんぬきの跡があり、役人の管理下にあったことがうかがわれる。

石灰岩の発達している宮古島には、各地にウリガーが見られ、その多くは人工の石段をつけた程度であるが、この大和井は全体に入念な石工技術が施されている。個々の切石はそれほど大きくはなく、基底部から上にいくにつれて、次第に小さくなり、全体として安定感のある積み方である。これは、それぞれの石を自然な形のまま互いにかみ合うように削り合わせて積む方法で「あいかた積み（亀甲乱れ積みともいう)」と呼ばれている。

湧泉口の基底部は平らで、円形状の内壁は周囲約20m、石積みの壁の高さは高いところで約４m ある。奥行き1.4m、幅約3.8m の水汲場上部はゆるやかな美しい局面をなし、左右の袖口の部分にも意匠がこらされている。

写真16　大和井（沖縄県宮古島市）

完成年ははっきりしないが、『擁正旧記』等から1720年頃と推定されている。付近にはブトゥラガー、パウガー、更に県道をこえて反対側に、牛馬の飲村、洗濯、イモ洗い等の雑用水として使用したウプカーがある。

### 2）盛加井（ムイカガー）

「盛加井」（写真17）は平良各所に散在するウリガーの中で最も規模が大きく、直径約24mの開口部から曲折した103段の石段を下りた洞穴の最奥部に湧水があり、上水道が普及するまで人々に利用されてきた。

案内板によると、「水道の発達しない頃、人々の生活用水は、天水と各所に散在するうりがーであった。盛加井は、いつ頃から人々の暮らしに関わってきたのか定かではないが、洞内には小規模ながら貝塚層もあり、周辺一帯からは、いまも広範囲にわたって青磁片、土器片などが表面採取できる。かなり古くから、大きな集落を形成していたことが考えられる。人々が幾百年も素足で踏みしめたであろう摩滅した百数段の石段から、水に関わる往時の人々の労苦を伺うことができよう。なお、14世紀頃、1千人の軍団を率いて、勢力を奮った与那覇原一党は、ここ盛加がーを中心に発達したと説く史家もいるが、諸説あって定かではない。」とある。

写真17　盛加井（沖縄県宮古島市）

1882年8月、宮古島を巡回視察した第2代沖縄県令上杉茂憲は、盛加井の景観に驚き、「その絶景風雅拙筆のよく尽くすべき処にあらず」と日誌に記している。

### 3）安司の泉（アジノカワ）

城辺町比嘉に小さな洞窟があり、その中に「安司の泉」（写真18）と呼ばれる小さな湧水がある。琉球では現在の村のことを古くは間切りと言い、各間切りには安司と呼ばれる武力支配者がいた。琉球ではグスク時代（12世紀頃）から稲作を中心とした農耕社会が形成され、中国大陸との貿易の中継地点として重要性を増した。そして地元の農民たちを束ねた豪族が石垣で囲まれた城を築き、周辺の集落を傘下に入れて小国家へと発展した。この豪族が安司である。

### 4）友利あま井（トモリアマガー）

「友利あま井」（写真19）は、2回の地殻変動で形成されたと推測されているウリガーで、深さ20mほどある洞窟の最奥部にある。『雍正旧記』には「あま川、ただし洞川。掘った年は不明である」と記されている。友利、砂川、新里元島の人々はこのあま井を水源に利用したと考えられ、近年に至っても飲料水

写真18　安司の泉（沖縄県宮古島市）

写真19　友利あま井（沖縄県宮古島市）

として付近の集落の人々に利用されている。各集落の女子は水を運ぶのが日課であり、1日の半分を水汲み仕事に費やしていた。1955年にあま井を水源とする友利、砂川簡易水道が開設され、あま井を往復する仕事から解放された。

因みに、1954年に保良簡易水道、1956年に吉野簡易水道、1959年に福里簡易水道も開設されている。管理は各集落水道組合に任されている。その後、1964年の水道の全面普及にともない、簡易水道も姿を消し、今日に至っている。

### 5）保良井（ボラガー）

「保良井ビーチ」（写真20）という名前で子どもが遊べる浅いプールやウォータースライダー等が整備された観光地になっている。現在も昔のままの湧出口があり、かつて人々が水を汲んだ水溜等もそのまま残されている。昔は、飲料用、野菜洗浄用、女性入浴用、男性入浴用、家畜用等に分かれた水船があったと言う。

写真20　保良井（沖縄県宮古島市）

写真21　ムイガー（沖縄県宮古島市）

### 6）ムイガー

「ムイガー」（写真21）は、城辺町の東海岸に湧出し、高さ約60mの断崖を命懸けで降りる細い道を下ったところにあり、景勝地ともなっている。水量豊富で、上水道が普及する前は簡易水道の水源地として利用されていた。その名残の貯水タンク、パイプライン、揚水機所跡等が残っている。

### 7）アリランガー

「アリランガー」は、この付近の防空壕を掘っていた朝鮮から強制連行された「軍夫」たちが朝夕「アリラン」を歌っていたことから名付けられた。

### 8）野城泉（ヌグスクガー）

福北集落に沿って東西に野城遺跡があり、「野城泉」（写真22）はその南西部にある。野城泉は、石積によって築造されたウリガーの形態を持つ自然湧水である。現在も水量は豊富で、畑地灌漑用水として活用されている。

写真22　野城泉（沖縄県宮古島市）

写真23　来間井（沖縄県宮古島市）

### 9）来間井（クリマガー）

「来間井」（写真23）は来間島の東岸にあり、30～40m の急崖下の船着場近くにある。かつて来間の人々の唯一の水源として大事に守られ、使用されていた。太古の昔、小鳥の羽が濡れているのを見て発見されたと伝えられている。

切り立った断崖に階段が蛇行状に設けられ、最も泉に近い集落から向かって右側が約160段、船着場寄りの左側は約150段ある。島の女性は小学生の頃から朝夕石段を踏みしめて上下し、１日も欠かすことのできない生活用水の確保に従事した。1975年１月宮古島上水道企業団による海底送水が実現し、他地域同様24時間水が使用できるようになった。

### 10）鯖沖井（サバウツガー）

「鯖沖井」（写真24）は伊良部島前里添集落北西の断崖下にあり、井へ降りる120段の階段も保存されている。極端に水の乏しい伊良部島にあって、貴重な水源となっていた。「サバウツ」とは近海を回遊している鯖魚を「ウツ」捕まえるということを表しているのではないかと言われている。また、井の北方にある突出した大岩が鯖の口に似ていることから命名されたとも伝えられている。1899年、土地整備事業が

写真24　鯖沖井（沖縄県宮古島市）

行われた時、鯖沖の当て字を用いて土地台帳に記載したため、その後「サバオキ」と呼ぶようになったとも言われる。

古老によると、この井の発見について次のような話を伝えている。「池間島の住民は土地が狭いので伊良部島へ渡り、畑を開墾して夕方には戻るということを繰り返していたが、これに不便を感じて鯖沖井の西方の平地で仮住まいをして畑仕事をしていたと言う。ある日、ミヤーギ立の金大主とホツゾーの松大主の2人の若者が畑仕事をして休憩をとるため断崖へ下りて日陰で休んでいる時、水音を聞き、そこへ行くと清水が勢いよく流れているのを発見した。これがいわゆる「サバウツガー」である。ところが泉は海へ流れているので村人と一致協力してこれを堰き止め、更に海水の侵入を防ぐ溜壷を造ったりして難工事の末、飲料水に利用したと言われる。」

この井戸は何回となく改修されているが、1966年8月に水道が設備されるまでの約200年以上にわたり、佐良浜一帯の貴重な水源であった。

### 11）神里井戸（カンザトガー）

伊良部島西部にある「神里井戸」の案内板には、「神里とは神様の集まる処の意味だと考えられている。この井戸は神様が集まって、いろいろの協議をする場所として、信仰が厚い。1430年頃この一帯はススや茅の生い茂った窪地であった。時たまここにいた牛が前脚で土を掘っているのを不審に思い掘ったところ湧泉があった。このことが井戸の起こりを言い伝えられている。発見以来集落の人々の唯一の井泉として、村民の形成発展に多大の影響を及ぼした。
今でも「生まれ元島の水」として神事に使われ人々の信仰の的となっている史跡である。」とある。

### （6）福岡県の名水

福岡県で日本名水百選に選定された名水は、福岡市東区香椎宮の「不老水」と浮羽町の「清水湧水」がある。福岡県は水不足が頻発する日本の代表的な地域であるが、その反面、神功皇后や豊臣秀吉といった歴史に登場する人物にまつわる名水が数多く伝えられている。「不老水」もその例外ではなく、武内宿祢の伝説がある。また、宝満山や英彦山、高良山等の霊場にも数多くの名水が伝えられている。

福岡県の名水に関する文献は多く、足利・井上（1994）、歌野ほか（1993）、福岡県（1994）等があるが、どれも名水のガイドブック的存在である。その中で、西南学院大学国語国文学会古典文学研究会（1986）は、福岡県はもとより、北部九州各県の伝説・伝承を徹底的に調べ上げた貴重な文献である。福岡県の名水は、古事記や風土記逸文、伝説に登場する「不老水」を始めとした由緒ある名水の多い北部地域と、「清水湧水」を始めとした生活用水として使用された名水の多い南部地域とに分けることができる。

前述の文献や、天本（1983）、市場（1973）、河村（2001）等から名水を抽出し、分布図を作成した（139頁参照）。その結果、福岡県北部には、歴史上有名な人物にまつわる名水が特に多い傾向があることが分かった。そこで、まず人物にまつわる名水の故事来歴から述べることとする。

### 1）豊臣秀吉にまつわる名水

北九州から博多、糸島にかけて点々と秀吉にまつわる名水として「太閤水」が伝えられている（西南学院大学、1986）。朝鮮出兵という歴史的事実を考えれば、茶人として知られる太閤秀吉が訪れた先々で、茶の湯に適した水質を持つ湧水・井戸水を使用したのであろう。

写真25　太閤水（福岡県糟屋郡新宮町太閤水）　豊臣秀吉が九州を平定した際、茶人津田宗及に掘らせた水、別名を宗及水もしくは飯銅水ともいう

新宮町の「太閤水」（写真25）は、薩摩征伐の際、茶人津田宗久に掘らせた井戸で、秀吉は「宗久水」と名付けた。その後、宗久の子宗玩が「飯銅水」と呼んだが、後世の人が秀吉にちなみ「太閤水」と命名したと言う。

### 2）神功皇后・武内宿禰にまつわる名水

神功皇后は日本各地にその事跡を残し（河村、2001）、水にまつわる伝説も多く見られる。しかし、4世紀頃の人物であり、実在かどうかも確認できないが、福岡県内には神功皇后にまつわる水が点在する。

宇美八幡宮の「産湯の水」は、仲哀天皇との間に生まれた応神天皇の産湯水として利用したと伝えられている。今でも安産を祈願する妊婦の姿を見ることができる。飯塚市の「明星池」にも安産信仰がある。

前原市の「染井」には次のような話が伝えられている。『神功皇后が新羅出兵の際、「染井」近くに滞在した。その時兵士たちの士気を上げるため、「染井」に浸した白生地の鎧が赤く染まれば戦いは勝利するという占いを行った。皇后が真清水であるはずの染井に鎧をつけると本当に赤く染まり、兵士たちの士気を上げることができた。』日本各地には、衣が黒く染まってしまった等という伝説が多く残っており、この水もその類の1つと言えるであろう。

香春町の「鏡が池」（写真26）は、皇后が新羅出兵の際、勝利を祈願し、この池に顔を写して髪のやつれを直した名水として伝えられている。「鏡が池」の伝説は小野小町にまつわる名水が典型的なものであるが、福岡県には小町伝説は伝えられていない。

写真26　鏡が池（福岡県田川郡香春町鏡山）　神功皇后がこの湧水を水鏡として顔や髪のやつれを整えた

吉富町の「皇后石の水」は、直径３mの巨岩にできた直径20cmほどの窪みに溜った水である。しかし、神功皇后

写真27　不老水（福岡県福岡市東区香椎）　日本三大名水の１つで、武内宿禰が三百歳の長寿を保ったと伝えられる水

の伝説があり、地名にもなったほどの由緒ある水という点で名水として取り扱った。一説にこの水をイボにつけるとすぐに取れると言われている。

福岡市東区香椎宮の「不老水」（写真27）は、日本三大名水の１つとされ、この井水を炊飯、酒造りに使用して300歳の長寿を保ち、四朝に仕えたと言われる武内宿禰（神功皇后の寵臣）が掘った井戸で、香椎宮創建以来、毎年正月には御神符の綾杉の葉とともに朝廷に献上されていた。不老長寿、疾病を癒し、歳をとらない霊水と伝えられている。

「勝水」（保命水）は、武内宿禰の葬所とされる高良神社奥の院に湧き出る水である。

### 3）弘法大師・伝教大師にまつわる名水

筆者は日本全国に1,400ヶ所の弘法水があることを見出した（河野、2003）が、福岡県にも幾つかの弘法水が伝えられている。篠栗町の「独鈷水」（写真28）、太宰府市の「清水井」（弘法池）、

写真28　独鈷水（福岡県糟屋郡篠栗町若杉山）　弘法大師が独鈷で岩を穿ったら湧出したと伝えられる霊水

直方市の「弘法井戸」、久留米市の「朝妻の清水」等、合わせて6ヶ所が弘法水として知られている。弘法大師は留学先の唐から帰朝した際、2年間も九州に足止めされていた事実があり、大師が掘ったという伝説は作り話としても、何らかの関係がある水が存在する可能性は否定できない。

新宮町の「岩井の水」と「独鈷水」は、伝教大師が良水の乏しいのを哀れみ、加持したところ湧き出した水として伝えられている。

### 4）役行者・安倍晴明にまつわる名水

小石原村行者堂の「香水池」(閼伽井）は7世紀の修験道の祖、役行者にまつわる水として伝えられている。この水を田畑に撒くと病害虫駆除になるとして、近隣の農民が五穀豊穣を祈願する「お水もらい」行事の行われる名水である。安倍晴明にまつわる水は、茨城県、近畿地方、および福岡県に集中している。福岡では、太宰府市から前原市にかけて散在するが、晴明が九州を訪れたことは確認されていない。また、勧善懲悪的要素の強い弘法水に比べ、晴明水はおどろおどろしい伝説が多い。

### 5）豊前三名水と高良三泉

豊前三名水とは、古くから豊前市に伝わる三名水のことである。その1つ「写経水」(写真29）は、求菩提（くぼて）信仰の写経所として知られた如法寺の硯水や修行僧の飲料水として利用された名水である。「畑の冷泉」は豊前市畑にあり、昔から皮膚病や神経痛に効能がある霊水として知られ、水浴場が設けられてい

写真29　写経水（福岡県豊前市山内如法寺）　写経所として使われた如法寺に残る硯水

たが、最近は沸かし湯による温泉も登場した。千手観音の「乳の霊泉」は、岩窟の3mほどの高さから、あたかも乳のように滴り落ちる霊水である。観音様のお告げで、この水で粥を炊き乳の出の悪い妻に食べさせたところ、母乳があふれ出たという伝説がある。

高良三泉とは、耳納山脈の西端、高良山にある「朝妻の清水」（味清水）、「磐井の清水」、「徳間の清水」を指し、古い文献にも登場する。高良山は霊場として知られ、神功皇后、磐井、弘法大師等様々な伝説が伝えられている。

### 6）その他の名水

行橋市の「袂（たもと）水」は、雨乞いの人身御供となった娘の末期の水として、乳母がこの水を袂に含ませて与えたと言われ、万病に効能があると伝えられている。糸田町の「泌泉（たぎり）」（写真30）は、天智天皇の側近、大伴金村が糸田の里を訪れた

写真30　泌泉（福岡県田川郡糸田町原）灌漑に利用するため天智天皇の側近、大伴金村が掘ったと伝えられる神泉。泌泉は「いとよき田」、糸田の地名起源にもなった

際、日照りで田が枯れることを嘆き、鉾を地中に突き刺すと清水が滾り出したと伝えられ、いとよき田が「糸田」という町名由来となった名水である。

北九州市の「平山観音乳水」は、平家落人の乳母が追手に発見され、『乳房の１つを姫君に、他の１つを乳不足に悩む母親に捧げる、といって自害したところ、岩間から清水が乳のように湧き出した』と伝えられている。以来、母乳の出の悪い母親の信仰を集めている。

北九州市門司区の「巌観音の水」は、平家の落ち武者が観音様に導かれて傷を癒したと伝えられている。

遠賀町の「目洗い井」（目そそぎの井）は、遠賀川の自然堤防下にある井戸水で、昔、長者の娘が失明したため、薬師仏に願をかけたところ、この井戸で目を洗うようにとのお告げがあり、そのとおりにすると、娘の目が見えるようになったと言う。

宗像市赤間宿の「辻井戸」は、唐津街道の要衝にあり、地域の人々や旅人の生活用水として珍重されてきた水である。「辻井戸」の井戸枠は六角形となっており、しかも、井戸側までが、煉瓦積みによる六角形となっている非常に珍しい井戸である（河野、2001）。何故このような構造にしたかは不明だが、神奈川県鎌倉市にある「六角井戸」は水利権の関係で２つの地域で取り決めが行われ、六角の四辺が鎌倉側、二辺が逗子側で使用していた。赤間宿の場合も同じような状況にあった可能性が高い。

福岡県西区飯盛神社文殊堂の「知恵の水」（写真31）は、頭の良くなる水として受験生に人気の名水である。「知恵の水」

写真31　知恵の水（福岡県福岡市西区飯盛文殊堂）　文殊様の霊験あらたかな頭の良くなる水として受験生に人気の名水

は日本各地の文殊堂に数ヶ所知られているが、中でも奈良県桜井市の安倍文殊院にある「知恵の水」は有名である。

志摩町の「久米の一つ井」（お伽藍様の水）は、他に比べようもない唯一の井戸という意味である。志摩町は昔から水の乏しい地域で、ごく小規模な湧水や井戸水が生活用水として珍重されていたが、中でもこの井戸水は水質も良く、正月の若水やお盆の閼伽水としても利用された。

英彦山には日本三大霊水として知られる「般若窟の清水」を始め、数々の名水があり（朝日新聞西部本社、1982）、宝満山には「益影の井」を始めとした神功皇后伝説に彩られた名水が数多く見られる（森、2000）。

## （7）様々な名水の文化

### 1）水温が天然記念物となっている湧水

徳島県鴨島町にある「江川湧水」（写真32）では、夏は10℃、冬は20℃前後と、水温が逆転するという世界的にも珍しい現象が見られる（新井、1991）。この水温逆転現象はいまだに解明されていないが、吉野川が川島城付近から伏流し、水温が保たれたまま半年後に江川湧水付近に到達すると考えれば説明がつく。遠隔地でなかなか定期的に調査がされておらず、今後の詳細な研究に期待したいものである。

この湧水では、水温が逆転する現象をうまく利用して、近所の人々は夏になるとスイカやビールをこの湧水で冷やし、冬は洗濯物を洗いにやってくる光景が見られた。

写真32　江川湧水（徳島県吉野川市鴨島町）堤防の向こう側が吉野川

## 2）海岸にある淡水と内陸にある塩水井戸

海岸にあるにもかかわらず真水が湧出する湧水がある。京都府天橋立にある「磯清水」（写真33）や大分県佐伯市大入島の「神の井」（写真34）、静岡県戸田村の「神池」等が代表的なものである。これはガイベン＝ヘルツベルクの法則で説明され、沸かし立てのお風呂の表面が熱く、底に冷たい水があるのと同じ原理である。しかし、先人たちはその不思議さと真水の得られる有り難さから、神武天皇伝説等と結びつけて現代に伝えたのである（河野、2003）。

同様に塩の入手に難儀した山の民が山中に塩水を発見し、貴重な塩資源として大切にしてきたものもある。その多くは弘法大師の伝説が摺り合わせられ、現在に残されている。新潟県柏崎市の「弘法大師霊塩水」（写真35）は現在でも重宝されてい

写真33　磯清水（京都府宮津市）

写真34　神の井（大分県佐伯市大丹生島）

写真35　弘法大師霊塩水（新潟県柏崎市）

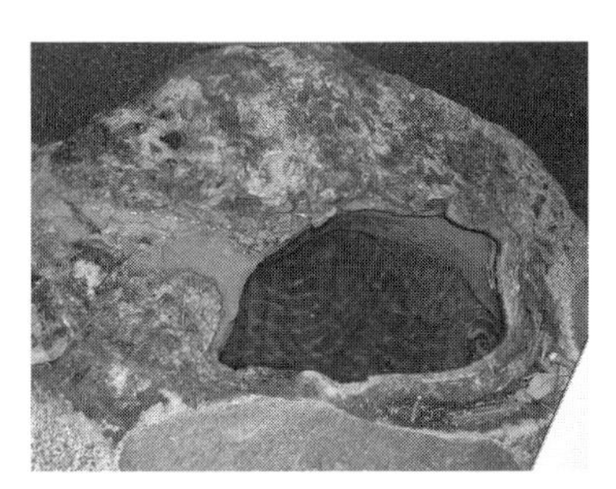

写真36　潮元神社鉱泉（大分県大分市野津原）

るが、大分県大分市にある「潮元神社鉱泉」（写真36）は参道が荒れ果て、忘れ去られつつある塩水となっている。

塩分濃度の高い鉱泉は、みそ汁等の料理や、採塩、皮膚病の民間治療に利用されてきた。また田植えに際して種もみを塩水につけて選別するが、これは塩水が真水に比べ比重が重いので、中身の詰まったよい種もみが沈むことによって選別することができるためである。塩の入手の難しかった山間部ではさぞ重宝したことであろう。

## 3）地震予知のできる水

写真37　龍岩寺奥の院（大分県宇佐市院内町）　写真左手奥に不滅水、奥の院内部に乱水が出ると言う

福岡県や大分県、四国等には、天変地異の前兆現象として、赤い水が湧出したり、繊維状のものが水に浮かんでくると伝えられる湧水がある。実際にそのような現象が起きるかどうかを確認するのは非常に難しいことであるが、これらの湧水はほとんどが断層の真上に位置している。

大分県宇佐市院内町龍岩寺の奥の院（写真37）には、「不滅水」・「飢饉水」・「乱水」・「福貴水」という四水がある。不滅水は干ばつ時でも水の絶えたことがなく、福貴水の出る年は豊作、乱水に赤い水が出ると天変地異、飢饉水の出る年は凶年不作になると伝えられている。この付近は中央構造線から延びる断層が発達しており、断層の活動により、多量の溶存成分を含む地下水が上昇し、ここに湧き出る過程で、酸化された物質が乱水になるのではないだろうか。同じような水が、中央構造線に沿った各地に伝えられている。

写真38　不動名水（埼玉県秩父市）

写真39　太閤水(福岡県北九州市若松区)

関東大震災の前兆現象として、埼玉県秩父市の「不動名水」(写真38) は白濁したと伝えられているし、東京都品川区のある寺にも同様の現象が起きたと伝えられている。現在不動名水は定期的に観測しているが、大きな地震前後で水質が変化することが分かってきた。この湧水は石灰岩採掘で有名な武甲山の裏側にあり、石灰岩地域独特の水質を示すので、地震前後に深層地下水が混入して、水質が変化することは容易に推測できる。

また福岡県北九州市若松区にある「太閤水」(写真39) は地震の前兆現象として白い繊維状のものが浮かび上がってくると伝えられている。この湧水の水質を調べてみると酸化還元電位(ORP) の値が、マイナス100mV と非常に強い還元状態にあることが分かった。地形的には大地の谷頭で湧出するような状況にあるが、実際には地中深くから湧出する鉱泉のような地下水であろう。このように、地震の前兆現象を示す地下水は地中深くから湧き上がる物質が含まれていると考えられるものが多く、地下の変化をいち早く地表面に届けているものを地域の人々が経験的に知りえた湧水なのであろう。

### 4）文殊様と智恵の水

日本各地には学問を司る文殊様があるが、奈良県桜井市の安倍文殊院の「知恵の水」(写真40) や大分県国東町の文殊仙寺の「知恵の水」湧水の水質分析をすると、酸化還元電位がマイナスを示し、異常にミネラル分が多く含まれている傾向が見られる。

このように、伝説・伝承のある湧水には、先人たちがその水の効能を経験的に知っていたと考えられる例が多数見つかるのである。

写真40　安部文珠院の知恵の水（奈良県桜井市）

### 5）高島市新旭町のかばた

滋賀県高島市新旭町針江地区にはNHKの特番で有名になった「かばた」を見ることができる。かばたとは、次のようなシステムのことを言う。湧水を家の内部に引き込み、それを上水道の水源として利用し、その周りに小さな池を設け、食後の残飯や食器等をその池で洗う。ここには鯉が飼われていて、残飯の後片付けをしてくれる。きれいな水になったところで、排水を家の外に流れる水路に流す究極のエコシステムである。観光客が押し寄せて住民の方に迷惑がかか

写真41　かばた（滋賀県高島市新旭町針江地区）

るようになってしまい、自由に見学することはできないが、不在となったかばた民家を市が買い上げ、見学および宿泊施設として利用している。そこで撮影したものが写真41である。

新旭町は安曇川が琵琶湖畔に形成した扇状地にあり、その扇央、扇端付近の被圧地下水をうまく利用した地下水の利用形態となっていて、自然の仕組みをうまく利用したエコシステムとして参考になるものである。かばたではないが、愛媛県西条市は豊富な地下水を各家で引くことができるので、水道があまり必要なかったことでも有名である。

参考文献

青野壽郎・尾留川正平編（1979）:『日本地誌　第19巻』，二宮書店，532p.
朝日新聞西部本社編（1982）:『英彦山』，葦書房，203p.
足利武三・井上　優（1994）:『九州の名水百選』，西日本新聞社，196p.
阿部日顕監修（1981）:『日蓮大聖人正伝』，日蓮正宗総本山大石寺，483p.
天本孝志（1983）:『九州の山と伝説』，葦書房，346p.
新井 正（1991）：名水を訪ねて（16）江川湧水．地下水学会誌，Vol.33，No.4，285-290.
伊藤玄二郎（2000）:『鎌倉の寺　小事典』，かまくら春秋社，239p.
伊藤玄二郎（2001）:『鎌倉の神社　小事典』，かまくら春秋社，157p.
市場直次郎編著（1973）:『豊国筑紫路の伝説』，第一法規，308p.
歌野　敬・大能洋子・坂本紘二・多田瑞穂・谷　克博・中山美鈴・布施定・蓑田明実・向井澄男（1993）:『福岡周辺のおいしい水』，不知火書房，125p.
大島暁雄（1986）:『上総掘りの民俗』，未来社，326p.
大藤ゆき（1977）:『鎌倉の民俗』，かまくら春秋社，463p.
奥宮敬之（1997）:『鎌倉史跡事典』，新人物往来社，331p.

鎌倉市教育委員会編（1986）：「鎌倉市文化財総合目録　地質・動物・植物篇」，鎌倉市教育委員会，186p.
神谷道倫（2012）：『鎌倉史跡散歩　上』，かまくら春秋社，269p.
神谷道倫（2012）：『鎌倉史跡散歩　下』，かまくら春秋社，279p.
河村哲夫（2001）：『西日本古代紀行　神功皇后風土記』，西日本新聞社，366p.
君津市市史編さん委員会編（1996）：『君津市史　自然篇』，君津市，640p.
河野　忠（2001）：名数からみた井戸枠の形式—六角井戸の研究—．地域研究，Vol.42，No.1・2，58p.
河野　忠・田川豊治・藤原秀二（1996）：国東半島と鹿鳴越山群の名水．日本地下水学会誌，Vol.38，No.2，137-143.
河野　忠（1996）：大分県日出町の海底湧水と地下水．日本文理大学紀要，Vol.24，No.2，103-109.
河野　忠・長田美智子（1999）：大分県臼杵市の名水—その現状と水文学的特徴—．日本文理大学環境科学研究所報告，No.2，20-29.
河野　忠（2001）：名数からみた井戸枠の形式—六角井戸の研究—．地域研究，Vol.42，No.1，2，58p.
河野　忠（2002）：高知県の名水．地下水学会誌，Vol.44，No.4，325-335.
河野　忠（2003）：福岡県の名水—伝説に彩られた北部の名水—．地下水学会誌，Vol.45，No.4，469-478.
河野　忠（2003）：『弘法水の水文科学的研究』，立正大学学位論文，135p.
白井永二編（2002）：『鎌倉事典』，東京堂，376p.
鈴木棠三（1976）：『鎌倉 古絵図・紀行—鎌倉紀行篇』，東京美術，231p.
西南学院大学国語国文学会古典文学研究会（1986）：大分・福岡の伝説分類案　その（三）．西南学院大学古典文学研究，第五輯，3-102.
高村弘毅・河野　忠（1994）：名水を訪ねて—大野盆地の湧水群—　御清水．日本地下水学会誌，Vol.23，No.3，255-261.
高村弘毅（1996）：地球上の水についての思考史．地下水技術，Vol.38，No.2，1-5.
高村弘毅・河野　忠・島野安雄（1998）：名水を訪ねて—長崎県の名水—．

日本地下水学会誌，Vol.41，No.1，35–44.
日本地下水学会編（1994）：『名水を科学する』，技報堂出版，299p.
日本地下水学会編（1999）：『続名水を科学する』，技報堂出版，264p.
原田　寛（2014）：『鎌倉謎解き街歩き』，実業之日本社，221p.
樋口義久（2005）：マグロ漁船の基地保戸島．津久見史談，No.9，41–57.
肥田 登（1988）：秋田県六郷町の湧泉群．地下水学会誌，Vol.30，No.2，109–112.
福岡県編（1994）：『福岡県文化百選　水編』，西日本新聞社，210p.
森　弘子（2000）：『宝満山歴史散歩』，葦書房，205p.
藪崎志穂・島野康夫（2011）：鎌倉の名水．地下水学会誌，Vol.53，No.2，229–244.
有志グループ古井戸（1977）：十井五名水の研究．ガリ刷り，39p.
読売新聞社横浜支局編（1967）：『神奈川の伝説』，有隣堂，253p.

## おわりに—水文化伝搬の道『アクアロード』—

水文化はどのようにして伝搬し、成熟していったのであろうか。日本独自の発想で成熟していった水文化も数多くあろうが、かなりの文化がシルクロードを通ってきたと考えられる。例えば閼伽水は、古代サンスクリット語に語源を持ち、それが世界中に伝わって、英語の aqua、ドイツ語の wassar、ロシアに伝わりウォッカとなったと言われている。その他にも地下水路として中東イランを中心に発展したカナートは、フォガラ（北アフリカ）、カレーズ（アフガニスタン周辺）等とも呼ばれ、世界中に広まっていったことが知られているが、シルクロードによって中国に坎児井（カンアルチン）、坎井（カンチン）として伝わり、それが朝鮮半島で萬能歩（マンヌンポ）となり、日本ではマンボと呼ばれ、灌漑用水路として利用された。このような水文化伝搬経路はシルクロードに限らず、海路その他のルートで伝えられたと考えられるので、ここでは「アクアロード」という言葉を提唱したい。人間の命の源である水、その利用をささえた水文化を伝えた道としてなかなか気に入った命名だと考えている。

これまで、名水についての私なりの自然科学的、人文科学的な解釈を行ってみたが、改めて名水にはまだまだ奥深いものがあり、これからも多角的な視点で研究が必要であるように思う。この分野が新たに名水学という新たな分野になることを密かに期待はしているものの、名称に拘っているわけではないので、それが、水文学や地下水学、地理学や民俗学の一部であっても構わないが、このような研究に興味を持つ研究者が増えれば望外の喜びである。

近年の名水ブームによりただ単に水道水が不味いからという理由で、週末になると車で乗り付けるポリタン族で賑わう光景が見られる。名水の存在を知るという意味でそれはそれでよいのであるが、一部で採水マナーの悪さが指摘されており、中には車の洗車をする輩まで出現する始末である。その結果、環境の悪化に伴う湧水の減少や水質悪化により採水が禁じられた、というニュースを見聞きするようになってきた。水を大切にし、その水量、水質に応じて発達した水の文化は一体何処に行ってしまったのであろうか。

「この大地は７世代後の子孫たちから借り受けたものである」という北米インディアン・イロクォイ族の言葉がある。水は未来永劫、我々の子孫に伝えなければならない大切な財産である。科学技術の進んだ時代に生きる私たちこそ、水の文化を衰退させることのないように、この言葉の持つ重みを十分に受け止める必要があるのではないだろうか。

最後に、京都カッパ研究会会員諸氏には、情報提供や現地調査でお世話になった。また、長年病床にありながら私を支えてくれた妻ゆかりと、単身赴任で寂しい思いをさせた３人の子供たちに感謝の気持ちを込めてこの本を捧げたいと思う。

■著者略歴

河野　忠（こうの ただし）

1960（昭和35）年、東京都葛飾区柴又生まれ
1988（昭和63）年、立正大学大学院文学研究科地理学専攻博士課程単位取得退学
現在：立正大学地球環境科学部教授、博士（地理学）
専門：自然地理学、陸水学、湖沼学
著書：『名水を科学する』技法堂出版（分担執筆）、『大分学』明石書店（分担執筆）

名水学ことはじめ――自然・人文科学の観点から

2018年2月28日　初版第1刷発行

著　者　河野　忠
発行者　杉田啓三

〒607-8494　京都市山科区日ノ岡堤谷町3-1
発行所　株式会社　昭和堂
振替口座　01060-5-9347
TEL（075）502-7500／FAX（075）502-7501
ホームページ　http://www.showado-kyoto.jp



印刷　亜細亜印刷

ISBN978-4-8122-1707-8

＊乱丁・落丁本はお取り替えいたします。

Printed in Japan